"创新设计思维"
数字媒体与艺术设计类
新形态丛书

Ps

Photoshop CC

平面设计基础教程 移|动|学|习|版

互联网＋数字艺术教育研究院 策划

董庆帅 刘涛 孙杨高 主编　　王天明 胡志伟 孟令强 副主编

U0267764

人民邮电出版社

北　京

图书在版编目（CIP）数据

Photoshop CC平面设计基础教程：移动学习版 / 董
庆帅，刘涛，孙杨高主编. -- 北京：人民邮电出版社，
2023.4（2024.1重印）
（"创新设计思维"数字媒体与艺术设计类新形态丛
书）
ISBN 978-7-115-61276-2

Ⅰ. ①P… Ⅱ. ①董… ②刘… ③孙… Ⅲ. ①平面设
计－图像处理软件－教材 Ⅳ. ①TP391.413

中国国家版本馆CIP数据核字(2023)第036584号

内 容 提 要

Photoshop 是用户量大且深受个人用户和企业用户青睐的图像处理软件之一，被广泛应用于不同的行业和领域。本书以 Photoshop 2022 为蓝本，讲解 Photoshop 各个工具和功能的使用方法。全书共 10 章，内容包括 Photoshop 平面设计基础、创建与编辑选区、应用图层与文字、绘制图像、图像调色、图像抠图、修饰与修复图像、图像合成、图像特效及综合案例。本书设计了"疑难解答""技能提升""提示"等小栏目，并且附有操作视频及效果展示等。

本书不仅可作为高等院校平面设计专业课程的教材，而且可作为相关行业设计人员学习的参考书。

◆ 主　编　董庆帅　刘　涛　孙杨高
　　副主编　王天明　胡志伟　孟令强
　　责任编辑　李媛媛
　　责任印制　王　郁　陈　犇
◆ 人民邮电出版社出版发行　　北京市丰台区成寿寺路 11 号
　　邮编　100164　　电子邮件　315@ptpress.com.cn
　　网址　https://www.ptpress.com.cn
　　北京鑫丰华彩印有限公司印刷
◆ 开本：787×1092　1/16
　　印张：14　　　　　　　　　2023 年 4 月第 1 版
　　字数：373 千字　　　　　　2024 年 1 月北京第 3 次印刷

定价：59.80 元

读者服务热线：(010)81055256　印装质量热线：(010)81055316
反盗版热线：(010)81055315
广告经营许可证：京东市监广登字 20170147 号

前言 PREFACE

随着平面设计朝移动化、互动化与数字化方向的不断发展，市场对平面设计人才提出了更高要求，因此，很多院校都开设了与平面设计相关的课程，但目前市面上很多教材的教学结构已不能满足当前的教学需求。鉴于此，我们认真总结了教材编写经验，用2~3年时间深入调研各类院校对教材的需求，组织了一批具有丰富教学经验和实践经验的优秀作者编写了本书，以帮助各类院校快速培养优秀的平面设计人才。

 本书特色

本书以设计案例引入知识点的方式，全面讲解了Photoshop平面设计的相关操作。本书的特色可以归纳为以下5点。

- 精选Photoshop基础知识，轻松迈入Photoshop平面设计大门。本书先介绍平面设计的基础知识，再对Photoshop的工作界面、文件和图像的基本操作等进行介绍，让读者对使用Photoshop进行平面设计有基本的了解。
- 课堂案例+软件功能介绍，快速掌握Photoshop进阶操作。基础知识讲解完后，以课堂案例形式引入知识点。课堂案例充分考虑了案例的商业性和知识点的实用性，注重培养读者的学习兴趣，提升读者对知识点的理解与应用能力。课堂案例讲解完成后，对Photoshop的重要知识点，包括工具、命令等的使用方法再进行详细讲解，从而让读者进一步掌握Photoshop平面设计的相关操作。
- 课堂实训+课后练习，巩固并强化Photoshop操作技能。主要知识讲解完成后，通过课堂实训和课后练习进一步巩固并提升读者平面设计的能力。其中，课堂实训提供了完整的实训背景、实训思路，以帮助读者梳理和分析实训操作，再通过步骤提示给出关键步骤，让读者进行同步训练；课后练习则进一步锻炼读者的独立完成能力。
- 设计思维+技能提升+素养培养，培养高素质专业型人才。在设计思维方面，本书不管是课堂案例，还是课堂实训，都融入了设计要求和思路，还通过"设计素养"小栏目体现设计标准、设计理念、设计思维。另外，本书还通过"技能提升"小栏目，帮助读者拓展设计思维，提升设计能力。本书案例精心设计，涉及传统文化、创新思维、艺术创作、文化自信、工匠精神等，引发读者思考和共鸣，多方面培养读者的能力与素养。
- 真实商业案例设计，提升综合应用能力与专业技能：本书最后一章通过讲解图标设计、海报设计、包装设计、App界面设计与网页设计等具有代表性的商业案例，提升读者综合运用Photoshop知识的能力。

教学建议

本书的参考学时为56学时，其中讲授环节为32学时，实训环节为24学时。各章的参考学时参见下表。

章序	课程内容	学时分配	
		讲授	实训
第 1 章	Photoshop 平面设计基础	3	1
第 2 章	创建与编辑选区	4	2
第 3 章	应用图层与文字	4	2
第 4 章	绘制图像	3	2
第 5 章	图像调色	4	3
第 6 章	图像抠图	5	2
第 7 章	修饰与修复图像	2	2
第 8 章	图像合成	3	3
第 9 章	图像特效	3	2
第 10 章	综合案例	1	5
学时总计		32	24

配套资源

本书提供立体化教学资源，教师可登录人邮教育社区（www.ryjiaoyu.com），在本书页面中进行下载。本书的配套资源主要包括以下6类。

 + + + + + + +

视频资源　　素材与效果文件　　拓展案例　　模拟试题库　　PPT和教案　　拓展资源

视频资源　在讲解与Photoshop相关的操作以及展示案例效果时均配套了相应的视频，读者可扫描相应的二维码进行在线学习，也可以扫描二维码关注"人邮云课"公众号，输入验证码"61276"，将本书视频"加入"手机上的移动学习平台，利用碎片化时间轻松学。

"人邮云课"
公众号

素材与效果文件　提供书中案例涉及的素材与效果文件。

拓展案例　提供拓展案例（本书最后一页）涉及的素材与效果文件，便于读者进行练习和自我提升。

模拟试题库　提供丰富的与Photoshop相关的试题，读者可自由组合生成不同的试卷进行测试。

PPT和教案　提供PPT和教案，辅助教师开展教学工作。

拓展资源　提供图片素材、设计笔刷等资源。

编者
2023年1月

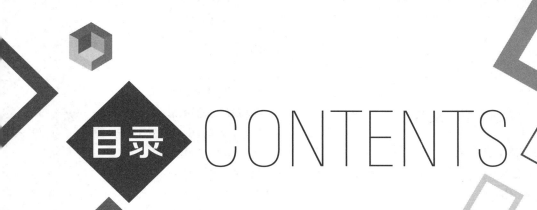

目录 CONTENTS

第6章　图像抠图

第7章　修饰与修复图像

第8章　图像合成

第9章 图像特效

第10章 综合案例

第1章

Photoshop平面设计基础

Photoshop是Adobe公司旗下的一款图像处理软件，其功能强大，被广泛应用于平面设计行业。用户在使用Photoshop进行平面设计前，需要先对平面设计基础知识和Photoshop基础知识有全方位的了解，掌握Photoshop的基本操作，这样才有助于在平面设计过程中快速地查找、应用相应的知识点，提高学习效率和工作效率。

📖 学习目标

◎ 掌握平面设计的基础知识
◎ 掌握Photoshop的基本操作方法

✛ 素养目标

◎ 培养平面设计的兴趣，养成良好的学习态度
◎ 培养在设计中融入中华传统文化的能力

▤ 案例展示

淘宝主图

网店首页广告图片

家居网站页面

平面设计基础知识

平面设计主要以视觉作为沟通和表现的方式,通过文字、符号和图像结合软件来创作画面,借此画面来充分传达想法和信息。了解平面设计基础知识,有助于用户顺利进入并不断探索平面设计领域。

1.1.1 位图和矢量图

位图和矢量图是使用Photoshop绘制图像前首先需要了解的内容,理解两者的区别,有助于设计出符合要求的平面设计作品。

1. 位图

位图也称点阵图或像素图,它由多个像素构成,能够将灯光、透明度和深度等逼真地表现出来。将位图放大到一定程度后,即可看到位图是由一个个小方块组成的,这些小方块就是像素。位图的质量由分辨率决定,单位面积内的像素越多,分辨率越高,图像效果也就越好。但当位图被放大到一定比例时,图像会变得模糊,图1-1所示为位图放大前后的对比效果。

图1-1　位图放大前后的对比效果

2. 矢量图

矢量图又称向量图,是以几何学进行内容运算,以向量方式记录的图像,主要以线条和色块为主。矢量图的质量与分辨率无关,无论将矢量图放大多少倍,矢量图都具有平滑的边缘和清晰的视觉效果,不会出现锯齿状的边缘现象,图1-2所示为矢量图放大前后的对比效果。而且矢量图文件通常较小,只占用少量空间,但矢量图一般色彩简单,也不便于在各种软件之间转换,因此矢量图多用于标志设计、插图设计和工程绘图等。

图1-2　矢量图放大前后的对比效果

1.1.2　像素和分辨率

像素是构成位图的最小单位，是位图中的小方块。而分辨率是指单位面积或单位长度上的像素数目，单位通常为"像素/英寸"（1英寸=2.54厘米）和"像素/厘米"，像素和分辨率的组合方式决定了图像的大小。

- 像素：像素是组成位图的基本元素，每个像素在图像中都有自己的位置，并且包含一定的颜色信息。单位面积上的像素越多，颜色信息越丰富，图像效果就越好，文件也会越大。图1-3所示是图像分辨率为72像素/英寸下的效果和图像放大后的效果，在放大后的图像中，显示的每一个小方块就代表一个像素。

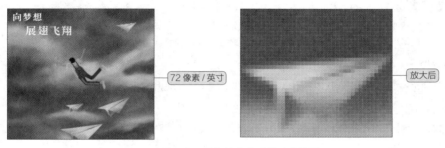

图1-3　图像放大前后的对比效果

- 分辨率：分辨率直接影响图像的效果，单位面积或单位长度上的像素越多，分辨率越高，图像就越清晰，但所需的存储空间也就越大；反之，分辨率越低，图像就越模糊。图1-4所示为分辨率为300像素/英寸和72像素/英寸的对比效果。

图1-4　300像素/英寸和72像素/英寸的对比效果

1.1.3　常见的图像颜色模式

在Photoshop中，颜色模式可以决定一幅图像用什么样的方式在计算机中显示或输出。Photoshop包含灰度模式、位图模式、双色调模式、索引模式、RGB模式、CMYK模式、Lab模式和多通道模式等颜色模式。

- 灰度模式：灰度（Grayscale）模式是指用单一色调表现图像的颜色模式。在灰度模式下，图像中的每个像素都有一个0（黑色）～255（白色）的亮度值。在8位图像中，最多有256个亮度级，而在16位和32位图像中，亮度级则更多。当将彩色图像转换为灰度模式图像时，将删除图像中的色相及饱和度，只保留亮度。

● 位图模式：位图模式是指由黑色和白色两种颜色来表示图像的颜色模式。位图模式只保留图像的亮度值，而丢掉色相和饱和度信息，可以大幅度简化图像中的颜色，减小图像文件的占用空间。需要注意的是，只有灰度模式图像才能被转化为位图模式图像。图1-5所示为将RGB模式的图像先转换为灰度模式的图像，再转换为位图模式的图像。

RGB 模式　　　　　　　　灰度模式　　　　　　　　位图模式

图1-5　将图像从 RGB 模式转换为灰度模式、位图模式

● 双色调模式：双色调模式是指用灰度油墨或彩色油墨来渲染灰度图像的颜色模式。双色调模式采用两种彩色油墨来创建由双色调、三色调、四色调混合色阶组成的图像。在此模式中，最多可向灰度图像中添加4种颜色。图1-6所示为双色调和三色调图像效果。

● 索引模式：索引模式是指软件预先定义好一个含有256种典型颜色的颜色对照表，通过限制图像中的颜色来实现图像有损压缩的颜色模式。图1-7所示为将图像从灰度模式转换为索引模式。

双色调　　　　　　　　三色调　　　　　　　　灰度模式　　　　　　　　索引模式

图1-6　双色调和三色调图像效果　　　　　图1-7　将图像从灰度模式转换为索引模式

● RGB模式：RGB模式是指由红、绿、蓝3种颜色按不同的比例混合而成的颜色模式，也称真彩色模式。它是较为常用的一种颜色模式，可以在"通道"面板查看到3种颜色通道的信息状态，如图1-8所示。

● CMYK模式：CMYK模式是印刷时常使用的一种颜色模式，由青、洋红、黄和黑4种颜色按不同的比例混合而成。CMYK模式包含的颜色少于RGB模式的，所以CMYK模式的图像在屏幕上显示时会比印刷出来颜色丰富。在Photoshop的"通道"面板中，可查看到4种颜色通道的信息状态，如图1-9所示。需要注意的是，印刷图像时，若原图像的颜色模式是RGB模式，最好先在RGB模式下编辑图像，最后在印刷前将图像转换为CMYK模式。

图1-8　RGB 模式　　　　　图1-9　CMYK 模式

- **Lab模式**：Lab模式是国际照明委员会确定的一个理论上包括人眼可以看见的所有色彩的颜色模式。其中，L表示图像的亮度，a表示由绿色到红色的光谱变化，b表示由蓝色到黄色的光谱变化。在Photoshop的"通道"面板中，可查看到3种颜色通道的信息状态，如图1-10所示。
- **多通道模式**：多通道模式是指包含多种灰阶通道的颜色模式。将图像转换为多通道模式后，Photoshop将根据原图像产生对应的新通道，每个通道均由256级灰阶组成。多通道模式多用于特定的打印或输出。在Photoshop的"通道"面板中，可查看到颜色通道的信息状态，如图1-11所示。

图1-10　Lab模式　　　　　　　　图1-11　多通道模式

1.1.4　常见的图像文件格式

Photoshop支持多种文件格式，在其中存储图像文件时，应根据需求选择合适的文件格式进行保存。

- **PSD（*.psd）格式**：是Photoshop软件默认生成的文件格式，是唯一能支持全部图像文件颜色模式的格式。以PSD格式保存的图像文件可以包含图层、通道、颜色模式等信息。
- **TIFF（*.tif、*.tiff）格式**：是一种灵活的位图文件格式，支持RGB、CMYK、Lab、位图和灰度等颜色模式，而且在RGB、CMYK和灰度等颜色模式中支持Alpha通道的使用。
- **BMP（*.bmp、*.rle、*.dib）格式**：是Windows操作系统中标准的位图文件格式，支持RGB、索引、灰度和位图等颜色模式，但不支持Alpha通道。
- **GIF（*.gif）格式**：是CompuServe公司提出的一种格式，此格式可以进行Lempel Ziv Welch压缩，从而使图像文件占用较少的磁盘空间。
- **EPS（*.eps）格式**：是一种PostScript格式，常用于绘图和排版。该格式可以在排版软件中以较低的分辨率预览，在打印时则以较高的分辨率输出。它支持Photoshop中所有的颜色模式，但不支持Alpha通道。
- **JPEG（*.jpg、*.jpeg、*.jpe）格式**：是最常用的图像文件格式之一，支持RGB、CMYK和灰度等颜色模式，主要用于图像预览和网页。使用JPEG格式保存的图像会被压缩，图像文件会变小，但会丢失掉部分不易察觉的色彩。
- **PDF（*.pdf、*.pdp）格式**：是Adobe公司用于Windows、macOS、UNIX和DOS系统的一种电子出版格式，包含矢量图和位图，还包含电子文档查找和导航功能。
- **PNG（*.png）格式**：是一种采用无损压缩算法的格式，用于在互联网上进行无损压缩和显示图像。与GIF格式不同的是，PNG格式支持24位图像，产生的透明背景没有锯齿边缘。PNG格式支持带一个Alpha通道的RGB和灰度模式，用Alpha通道来定义文件中的透明区域。

1.1.5 平面设计的基本要素

在平面设计中，图形、文字、色彩都发挥着重要作用，这些既是平面设计的三大核心要素，也是传达信息的基本视觉元素。

1. 图形

图形是平面设计中提升视觉效果的重要设计语言，往往能在第一时间引起人们的注意，激发人们的浏览兴趣。用户了解了图形构成和图形创意后，可以在平面设计中熟练使用图形要素。

（1）图形构成。

图形是由可感知的点、线、面元素构成的符号形象，具有形象化、具体化和直接化的特征。平面设计可以通过点、线、面的综合处理（如空间排列、大小变化、虚实对比等），形象地展现主题和创意。

- 点：点是可见的、最小的形式单元，具有凝聚视觉的作用，可以使界面布局显得合理、舒适、灵动且富有冲击力。图1-12所示为主要以点构成的平面设计作品。
- 线：线既可以表现长度和宽度，也可以表现位置和方向，具有优美和简洁的特点，经常用于渲染气氛，或引导、串联、分割版面。图1-13所示的平面设计作品中以斜线表现了快速、紧张和活力四射的感觉。
- 面：面有长度、宽度、方向、位置、角度等属性，具有组合信息、分割画面、平衡和丰富空间层次、烘托与深化主题的作用。图1-14所示为主要以面构成的平面设计作品。

图1-13 线

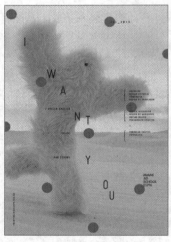

图1-12 点

图1-14 面

（2）图形创意。

在平面设计中图形创意占据着十分重要的地位，图形创意是指用艺术的手法将创意转变成图形，从而准确地表达平面设计主题和内涵的设计过程。常见的图形创意手法有以下4种。

- 拼置：主要指使用各种现成的物体、形状来拼凑新的图形。图1-15所示为由不同菜肴、餐具等物体拼凑成的完整餐桌画面。
- 矛盾：主要指将现实世界中人们熟悉的、合理的、固有的图形，改编、移置于反常的、超现实的平面设计中。图1-16所示展现了与现实相矛盾的老虎从电视机屏幕出来的画面。
- 共生：主要指由不可分割的两个部分组成紧密的整体，形与形之间共用一些部分或轮廓线。图1-17所示为狮子轮廓的峭壁外观。

● **置换**：主要指保持一种原有图形的基本特征，用与它类似的图形去替换原有图形中的某一部分，形与形之间具有外观上的相似性和意义上的相异性。图1-18所示为将手置换为相似形状的巧克力。

图1-15 拼置　　　　　　图1-16 矛盾　　　　　　图1-17 共生　　　　　　图1-18 置换

2. 文字

文字在平面设计中可以起到画龙点睛的作用，能够有效地传达设计主题和创作理念。在设计平面作品时，应着重考虑文字字体和文字排列。

（1）文字字体。

字体的选择应从设计风格和具体需求出发，不同的字体具有不同的特征。

● **宋体类**：宋体应用较广泛，其笔画横细竖粗，起点与结束点有额外的装饰部分，其外形纤细优雅、美观端庄，体现出浓厚的文艺气息，经常被用于文艺、淡雅风格的平面设计，如图1-19所示。

● **艺术体类**：艺术体是指一些非常规的特殊印刷用字体，其笔画和结构一般都进行了一些形象的再加工。在平面设计中使用艺术体类的字体，可以达到提升艺术品位、美化画面、聚焦视线的效果，如图1-20所示。

图1-19 宋体类　　　　　　　　　　　　　图1-20 艺术体类

● **黑体类**：黑体商业气息浓厚，比其他字体相对较粗，这一特点能够满足大体积、大容量产品文案的展示需求，具有阳刚、气势、端正等含义，可用于文字内容较多的平面设计，也常用于表现设计主题，如图1-21所示。

● **书法体类**：书法体指具有书法风格的字体，其字形自由多变、顿挫有力，在力量中掺杂着文化气息，具有较强的文化底蕴，常用在表现传统、古典和文化风格的平面设计中，如图1-22所示。

图1-21 黑体类　　　　　　　　　　　　　图1-22 书法体类

（2）文字排列。

不同的文字排列方式可以构建不同的视觉效果，从而营造出活泼、安静或严肃等不同氛围。文字的排列方式主要包括左右对齐、左对齐或右对齐、居中对齐3种。

- ●左右对齐：左右对齐是指文字左边和右边与边界的距离相同，这样的排列方式可以让文字显得端正、严谨、美观，展示出文案的稳重、统一和整齐。图1-23所示为使用了左右对齐的展览海报，该海报将主题文字进行两端对齐处理，使视觉重心更加集中、稳定，突出了主要信息。
- ●左对齐或右对齐：文字左对齐或右对齐的排列方式将会使版面格式显得不那么呆板，更加符合人们的阅读习惯，也更加符合大众的审美风格。图1-24所示的博物馆海报将文字分别放置在画面的左侧和右侧，并且使用不同大小的文字来区分信息层级。
- ●居中对齐：居中对齐是指将画面两侧的文字整齐地向中间集中，使文字都在画面中间显示，具有突出重点、集中视线的作用，可以牢牢抓住观者视线。居中对齐有左右居中和上下居中两种，图1-25所示为将文字左右居中对齐的电影海报，通过放大和居中文字突出了电影主题。

图1-23　左右对齐

图1-24　左对齐或右对齐

图1-25　居中对齐

3. 色彩

合适的色彩可以使画面看起来更加整洁、美观，让平面设计更具亲和力和感染力，快速抓住受众视线。要想合理地搭配颜色，首先需要了解色彩的基础知识。

（1）色相、明度和纯度。

色彩包含色相、纯度和明度3种属性，无论哪一种色彩都含有这3种属性。

- ●色相：色相是指色彩的相貌，由原色、间色和复色构成。在标准色相环中以角度表示不同色相，取值范围为0°～360°。在实际生活和工作中，则使用红、黄、紫红、银灰等颜色来表示。
- ●明度：明度是指色彩的明亮程度，即有色物体由于反射光量的区别而产生的颜色的明暗强弱。越接近黑色，明度越低；越接近白色，明度越高。色彩的明度会影响人对于色彩轻重的判断，比如看到同样的物体，黑色或者暗色系的物体视觉感受会偏重，也就是说，该色彩的明度较低，如图1-26所示；白色或者亮色系的物体视觉感受会较轻，也就是说，该色彩的明度较高，如图1-27所示。

● 纯度：色彩的纯度是指色彩的纯净或者鲜艳程度，也叫饱和度，受图像颜色中灰色的相对比例影响，因此，黑色、白色和灰色没有饱和度。纯度较高的色彩会给人带来兴奋、鲜艳、明媚等感觉，如图1-28所示；纯度较低的色彩会给人带来舒适、低调、暗淡等感觉。

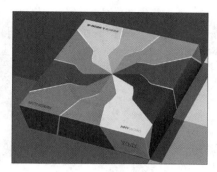

图1-26 明度较低　　　　　　　图1-27 明度较高　　　　　　　图1-28 纯度较高

（2）主色、辅助色和点缀色。

为了保证平面设计作品整体的协调性与美观性，一般可将画面中的色彩分为主色、辅助色和点缀色进行搭配，画面约70%为主色、约25%为辅助色、约5%为点缀色。

● 主色：主色是画面中面积较大，也是较受瞩目的色彩，主色决定了整个画面的风格和基调。主色不宜过多，一般控制为1～3种色彩即可，过多容易造成视觉疲劳。

● 辅助色：辅助色在画面中所占面积略小于主色，是用于烘托主色的色彩。合理应用辅助色能丰富画面的色彩，使画面效果更美观、更有吸引力。

● 点缀色：点缀色是指画面中面积较小、色彩较醒目的一种或多种色彩。合理应用点缀色，可以起到画龙点睛的作用，使画面富有变化。

1.2
Photoshop基础知识

在进行平面设计之前，我们需要先了解Photoshop在平面设计中的应用、Photoshop的工作界面，以及标尺、参考线和网格的运用，为使用Photoshop进行各项操作做好准备。

1.2.1　Photoshop 在平面设计中的应用

平面设计包括的种类较多，其中，Photoshop在平面设计中的应用主要有以下6类。

● 平面视觉设计：平面视觉设计是一种集创意、构图和色彩为一体的艺术表达形式，它不仅注重表面的视觉美观，还要传达出要表达的具体信息。无论是海报、包装，还是图书封面，使用Photoshop都可以满足平面视觉设计的各种要求，制作出内容丰富的平面印刷作品。图1-29所示为包装设计效果。

● 数字绘画：数字绘画具有绚丽多彩、视觉冲击力强的特点，因此成为视觉传达中不可或缺的表现手法，其广泛性和大众性在很大程度上影响着大众的审美取向。利用Photoshop，人们可以在计算机上模拟画笔进行绘制，不但能绘制出逼真的传统绘画效果，还能制作出画笔无法实现的特殊效果。图1-30所示为人物插画效果。

● **网页设计**：网页是使用多媒体技术在计算机网络与人们之间建立的一组具有展示和交互功能的虚拟界面。利用Photoshop可以设计出网页的页面效果，规划好每一部分的内容和作用。图1-31所示为某网站首页效果。

图1-29　包装设计效果　　　　　图1-30　人物插画效果　　　　　图1-31　某网站首页效果

● **界面设计**：随着计算机、网络和智能电子产品的发展，为了呈现更好的用户界面，各行各业也逐渐开始追求更为美观的界面设计，以达到吸引用户购买产品的目的。使用Photoshop可以轻松制作出具有真实质感和特效的用户界面，如图1-32所示。

● **后期处理**：Photoshop是对数码照片和效果图进行后期处理的常用工具，如修饰和修复拍摄的数码照片，调整建筑、产品、景观等效果图的色彩和光效，使其效果更加出众，如图1-33所示。

● **电商美工设计**：电商美工设计主要是指为网店进行装修设计，通过板块划分、商品广告设计等，从视觉上快速提升店铺的形象，树立网店品牌，以吸引更多消费者进店浏览，最终促进交易的产生。使用Photoshop可以快速修复商品图片的拍摄缺陷，并制作出店铺需要的店招、主图和海报等内容，增强店铺的视觉展示效果。图1-34所示为电商店铺活动页效果。

图1-32　用户界面效果　　　　　图1-33　建筑效果　　　　　图1-34　电商店铺活动页效果

1.2.2　认识 Photoshop 工作界面

选择【开始】/【所有程序】/【Adobe Photoshop 2022】命令，启动Photoshop后，将打开图1-35所示的Photoshop的工作界面，该界面主要由菜单栏、标题栏、面板组、工具箱、工具属性栏、图像编辑区和状态栏等组成。下面对Photoshop工作界面的各组成部分进行详细讲解。

图1-35　Photoshop 的工作界面

1.　菜单栏

菜单栏由"文件""编辑""图像""图层""文字""选择""滤镜""3D""视图""增效工具""窗口""帮助"等12个菜单组成，每个菜单中有多个命令，命令右侧标有▶符号，表示该命令还有子菜单；若某些命令呈灰色，则表示没有被激活，或当前不可用。

2.　标题栏

标题栏位于图像编辑区的上方，可显示当前图像文件的名称、格式、显示比例、颜色模式、所属通道和图层状态等信息。如果该图像文件未被存储过，则标题栏将以"未命名"和连续的数字作为文件的名称。

3.　面板组

面板组是Photoshop工作界面中非常重要的组成部分，用于选择颜色、编辑图层、新建通道、编辑路径和撤销编辑等操作。在Photoshop中，可在"窗口"菜单中打开或隐藏各种面板，还可将鼠标指针移动到面板组的顶部，按住鼠标左键不放并拖曳，以移动面板组的位置。另外，在面板组的选项卡上按住鼠标左键不放并拖曳，可将当前面板拖离该组。单击面板组左上角的"展开面板"按钮 ，可打开隐藏的面板组；再次单击"折叠为图标"按钮 ，可将面板组还原为图标模式。

4.　工具箱

工具箱集合了平面设计过程中经常使用的工具，可以用于绘制图像、修饰图像、创建选区、调整图像显示比例等。工具箱的默认位置在工作界面左侧，将鼠标指针移动到工具箱顶部，按住鼠标左键不放并拖曳，可将工具箱拖曳到界面其他位置。

单击工具箱顶部的 ⸜⸝ 按钮，可以使工具箱中的工具紧凑排列。单击工具箱中对应的工具，即可选择该工具。工具按钮右下角有 ◢ 符号时，表示该工具位于一个工具组中，该工具下还有隐藏工具，在该工具按钮上按住鼠标左键不放或单击鼠标右键，可显示隐藏的工具，图1-36所示为Photoshop工具箱中的各个工具。

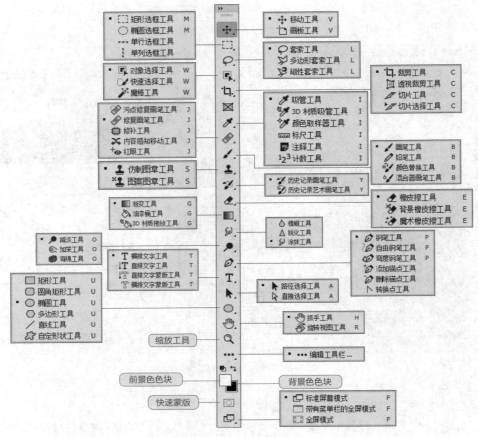

图1-36　Photoshop 工具箱中的各个工具

5. 工具属性栏

工具属性栏可对当前所选工具进行参数设置，默认位于菜单栏的下方。当用户选择工具箱中的某个工具时，工具属性栏将显示相应工具的属性设置选项。

疑难解答

若 Photoshop 工作界面中的面板组的布局乱了，或不小心删除了工具箱，如何恢复为原始布局？

可以利用 Photoshop 的菜单命令来恢复，操作方法：选择【窗口】/【工作区】/【复位基本功能】命令，将工作界面恢复成原始布局，恢复后工具箱将默认出现在工作界面左侧，面板组也将默认出现在工作界面右侧。

6. 图像编辑区

图像编辑区相当于Photoshop的编辑区，用于添加或处理图像。Photoshop中所有的图像处理操作都是在图像编辑区中完成的。

7. 状态栏

状态栏位于图像编辑区的底部，最左端显示当前图像编辑区的显示比例，在其中输入数值并按【Enter】键可改变图像的显示比例；中间显示当前图像文件的大小；单击状态栏右侧的 ⟩ 按钮，在打开的列表中可以查看文档大小、文档配置文件、文档尺寸、测量比例、暂存盘大小等信息。

1.2.3　标尺、网格和参考线的运用

在编辑一些规则图形，或者需要布局文字、图像时，用户可使用如标尺、网格、参考线、智能参考线等辅助工具来协助进行处理，用于测量或定位图像，使图像处理更精确，并提高工作效率。

1. 标尺

标尺有助于固定图像或元素的位置。其显示方法：选择【视图】/【标尺】命令，或按【Ctrl+R】组合键，此时在图像窗口顶部和左侧将分别显示水平和垂直的标尺，如图1-37所示。再次按【Ctrl+R】组合键可隐藏标尺。

2. 网格

网格可以在编辑和排列图像时，起到精确定位的作用。默认情况下，Photoshop不会显示网格，使用时需要选择【视图】/【显示】/【网格】命令显示网格，显示网格的效果如图1-38所示。再次选择【视图】/【显示】/【网格】命令可隐藏网格。

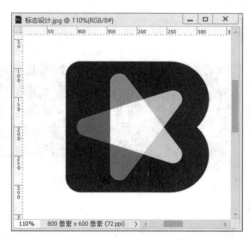

图1-37　显示标尺

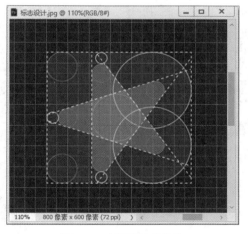

图1-38　显示网格的效果

3. 参考线

在编辑图像的过程中，使用参考线可使制作的图像更加精确。

● 拖曳创建参考线：显示标尺后，将鼠标指针移动到上方的标尺上，按住鼠标左键不放并向下拖曳可创建水平参考线，如图1-39所示。将鼠标指针移动到左侧的标尺上，按住鼠标左键不放并向右拖曳可创建垂直参考线。

● 选择命令创建参考线：选择【视图】/【新建参考线】命令，打开"新建参考线"对话框，在"取向"栏中可单击选中"水平"单选按钮或"垂直"单选按钮，在"位置"文本框中设置参考线的位置。图1-40所示为使用"新建参考线"对话框在650像素的位置创建的一条垂直参考线。

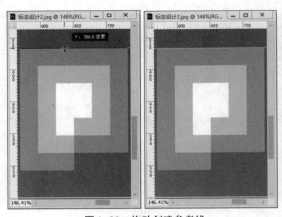

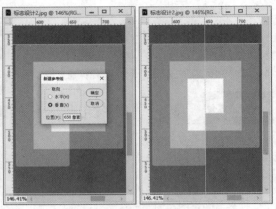

图 1-39　拖动创建参考线　　　　　　　　图 1-40　选择命令创建参考线

> 🔔 **提示**
>
> 　　添加参考线后，选择"移动工具" ✛ ，将鼠标指针放置在参考线上，按住鼠标左键不放并拖曳，可移动参考线；选择【视图】/【清除参考线】命令，可清除所有参考线；确定参考线的位置后，为了防止出现误移的情况，选择【视图】/【锁定参考线】命令，可锁定所有参考线；若需要编辑参考线，可再次选择【视图】/【锁定参考线】命令，取消命令前的 ✔ 标记，解锁参考线。

4．智能参考线

　　智能参考线可以帮助用户对齐形状、切片和选区。选择【视图】/【显示】/【智能参考线】命令，使该命令前显示 ✔ 标记，即可启动智能参考线。启动后在绘制形状、选区及切片时，Photoshop将自动显示参考线，如图1-41所示。

图 1-41　智能参考线

Photoshop基本操作

　　在进行平面设计前，除要掌握平面设计和Photoshop的基础知识外，还要掌握Photoshop的基本操作，从而为平面设计实践奠定基础。

1.3.1　新建和打开文件

　　要想使用Photoshop进行平面设计，首要的操作就是新建文件，或者打开已有的文件，而后才能在Photoshop中进行编辑操作。

1.　新建文件

启动Photoshop，单击 新建 按钮，或选择【文件】/【新建】命令，或按【Ctrl+N】组合键，打开"新建文档"对话框，如图1-42所示。设置好文件参数后，单击 创建 按钮，即可新建文件。

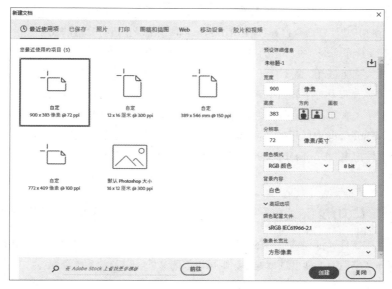

图1-42　"新建文档"对话框

- **预设选项卡**：用于选择预设的常用文件尺寸。可以先选择文件的用途，如"照片""打印""图稿和插图""Web""移动设备"和"胶片和视频"，然后从中选择需要的尺寸。
- **预设详细信息**：用于设置新建文件的名称，默认为"未标题-1"。单击右侧的 ⬆ 按钮，可将当前设置的文档参数保存为预设文档规格。
- **宽度/高度**：用于设置文件的宽度和高度，在右侧的下拉列表中可以选择宽度和高度的单位。
- **方向**：用于设置纵向或横向的文件方向。
- **画板**：单击选中"画板"复选框后，可创建画板。
- **分辨率**：用于设置文件的分辨率，在右侧的下拉列表中可选择分辨率的单位。
- **颜色模式**：用于设置文件的颜色模式和位深度。颜色模式包括"位图""灰度""RGB颜色""CMYK颜色"和"Lab颜色"，位深度包括"8位""16位""32位"。
- **背景内容**：可以选择文件背景的内容，包括"白色""黑色""背景色""透明""自定义"。
- **高级选项**：单击 ▶ 按钮，将展开"高级选项"栏。在"颜色配置文件"下拉列表中可为文件选择一个颜色配置文件；在"像素长宽比"下拉列表中可以选择像素的长宽比，该下拉列表通常用于视频制作。

2.　打开文件

在Photoshop中打开文件的方法较多，用户可根据具体情况，选择合适的打开方法。

- **通过"打开"命令打开**：选择【文件】/【打开】命令，或按【Ctrl+O】组合键打开"打开"对话框，在对话框中选择需要打开的图像文件，单击 打开(O) 按钮。
- **通过"打开为"命令打开**：当文件实际格式与扩展名不匹配，或文件没有扩展名时，就无法使用"打开"命令打开文件。此时可选择【文件】/【打开为】命令，打开"打开"对话框，在"文件名"文本框右侧的下拉列表中选择需要的扩展名，然后单击 打开(O) 按钮。如果使用"打开为"命令仍然不能打开文件，则可能是因为选取的文件格式与实际文件格式不同，或文件已损坏。

- 通过"在Bridge中浏览"命令打开：当一些PSD文件不能在"打开"对话框中正常显示时，就可使用Bridge打开该PSD文件。选择【文件】/【在Bridge中浏览】命令，启动Bridge，在Bridge中选择需要打开的文件，双击即可打开该文件。
- 通过"最近打开文件"命令打开：Photoshop会默认记录最近打开过的20个文件，选择【文件】/【最近打开文件】命令，在弹出的子菜单中选择需要打开的文件。
- 通过"打开为智能对象"命令打开：智能对象是嵌入原始文件的文件，编辑智能对象不会对原始文件产生影响。选择【文件】/【打开为智能对象】命令，打开"打开"对话框，在对话框中选择需要打开的文件，单击 打开(O) 按钮，此时文件将以智能对象的形式打开。
- 将文件拖入Photoshop中打开：启动Photoshop，在计算机中选择需要打开的文件，按住鼠标左键不放并将该文件拖曳到Photoshop图像编辑区的空白区域，释放鼠标左键后，即可在Photoshop中打开该文件。

1.3.2 保存和关闭文件

不论是刚创建的文件，还是编辑后的文件，都应该及时存储，避免因断电或程序出错等情况造成不必要的损失。存储文件后若无须再进行编辑，则可以关闭文件，以节约系统资源。

1. 保存文件

保存文件的方法有以下两种。

- 使用"存储"命令：选择【文件】/【存储】命令，或按【Ctrl+S】组合键，可直接保存当前文件。如果是第一次保存文件，在选择【文件】/【存储】命令后，会打开"存储为"对话框，在该对话框中可设置保存位置、文件名和保存类型等。
- 使用"存储为"命令：选择【文件】/【存储为】命令，或按【Shift+Ctrl+S】组合键，打开"存储为"对话框，可将该文件以其他的保存位置、文件名或保存类型进行存储。

2. 关闭文件

关闭文件的方法有以下4种。

- 单击当前文件标题栏右端的"关闭"按钮×，可关闭当前文件。
- 选择【文件】/【关闭】命令，或按【Ctrl+W】组合键，或按【Ctrl+F4】组合键，可关闭当前文件。
- 选择【文件】/【关闭全部】命令，或按【Ctrl+Alt+W】组合键，可关闭在Photoshop中打开的所有文件。
- 选择【文件】/【退出】命令，或按【Ctrl+Q】组合键，或单击Photoshop工作界面右上角的 × 按钮，可在关闭文件的同时退出Photoshop。

疑难解答

在 Photoshop 中如何避免忘记保存、文件意外丢失？

Photoshop 具有自动保存文件的功能，选择【编辑】/【首选项】/【文件处理】命令，打开"首选项"对话框，在"文件存储"栏中单击选中"自动存储恢复信息的间隔"复选框，并在其右侧的下拉列表中选择时间间隔选项（包括"5分钟""10分钟""15分钟""30分钟""1小时"），然后单击 确定 按钮。

1.3.3　置入文件

置入文件是指将新文件添加到当前文件中。其方法：打开或新建一个文件后，选择【文件】/【置入嵌入对象】命令，打开"置入嵌入的对象"对话框，选择需要置入的文件，单击 置入(P) 按钮。置入的新文件将自动放置在图像编辑区中间，调整置入文件的尺寸和位置后按【Enter】键。

1.3.4　课堂案例——制作淘宝主图

案例说明： 某服装旗舰店为了在淘宝网中上架一款新T恤，需要将提供的素材制作成符合平台规则的主图文件（尺寸为800像素×800像素），且为了突出T恤本身，应尽量将T恤置于主图中央，参考效果如图1-43所示。

知识要点： 打开文件；裁剪工具；"图像大小"命令；保存文件。

素材位置： 素材\第1章\服装.png、背景.psd

效果位置： 效果\第1章\淘宝主图.psd、淘宝主图.jpg

高清彩图

图1-43　参考效果

> ✍ 设计素养
>
> 在淘宝网中，主图是商品的第一展示窗口，其作用主要是"吸引、传达、点击、记忆"，商品页面顶部、搜索结果页、商品推荐页中都有显示主图。淘宝网要求主图大小不超过3MB，建议在200KB以内，格式一般为JPEG或PNG。PC端主图尺寸一般为800像素×800像素，移动端主图尺寸一般为600像素×600像素。

制作淘宝主图的具体操作步骤如下。

步骤 01 启动Photoshop，打开"背景.psd"素材，选择【文件】/【置入嵌入对象】命令，打开"置入嵌入对象"对话框，选择"服装.png"素材，单击 置入(P) 按钮，拖动素材周围的定界框调整素材的位置和尺寸，按【Enter】键确认置入，效果如图1-44所示，此时画面四周仍有多余的图像，不符合淘宝主图的要求。

视频教学：
制作淘宝主图

步骤 02 在工具箱中选择"裁剪工具"🔲，在工具属性栏的"比例"下拉列表中选择"1：1（方形）"选项，此时可发现图像编辑区已出现方形裁剪框，将鼠标指针移至裁剪框中的图像中，按住鼠标左键不放向右轻微拖曳，以移动裁剪框中的图像，将商品图像置于裁剪框中央，如图1-45所示。

步骤 03 按【Enter】键，将两边多余的图像裁剪掉，裁剪的效果如图1-46所示。

步骤 04 选择【图像】/【图像大小】命令，打开"图像大小"对话框，设置宽度、高度均为"800像素"，如图1-47所示。

图1-44　置入素材　　　　　　　　　　　　　　图1-45　裁剪图像

图1-46　裁剪的效果　　　　　　　　　　　　　　图1-47　调整图像大小

步骤 05 单击 确定 按钮，得到调整大小后的图像，然后选择【文件】/【导出】/【存储为Web所用格式（旧版）】命令，打开"存储为Web所用格式"对话框，在"预设"选项区域中设置格式为"JPEG"，其他参数设置如图1-48所示。单击 存储… 按钮，打开"将优化结果存储为"对话框，在其中选择存储路径，将文件名、格式分别设置为"淘宝主图""仅限图像"，单击 保存(S) 按钮。最后按【Ctrl+S】组合键保存为PSD文件。

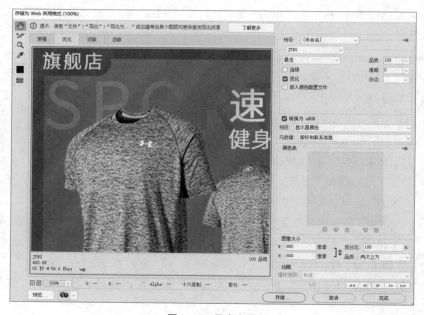

图1-48　导出主图

1.3.5 调整文件大小

在平面设计过程中，可能经常会出现文件大小不符合作品要求的情况，此时可通过调整图像与画布大小来进行修改。

1. 调整图像大小

图像大小由宽度、高度、分辨率决定。其调整方法：选择【图像】/【图像大小】命令，打开"图像大小"对话框进行设置，如图1-49所示。

图1-49　"图像大小"对话框

- **调整为**：该下拉列表中提供了一些定义好的图像大小比例和标准的纸张大小比例，也可以载入预设大小或自定义大小。
- **宽度/高度**：通过在数值框中输入数值来改变图像的大小。
- **不约束长宽比**：默认为限制长宽比状态，单击"不约束长宽比"按钮，将取消"宽度"和"高度"的约束，当改变其中一项设置时，另一项将不会按相同比例改变。
- **分辨率**：通过在数值框中输入数值来改变图像的大小。
- **重新采样**：默认为选中状态，在右侧的下拉列表中可选择采样模式。

2. 调整画布大小

画布可以看成是图像的画板，设置的画布越大，能编辑的区域也就越广。一般情况下，画布与图像的大小相同，实际上画布的大小可以大于图像的大小，以方便添加和编辑其他内容。其调整方法：选择【图像】/【画布大小】命令，打开"画布大小"对话框进行设置，如图1-50所示。

- **当前大小**：显示当前图像画布的实际大小。
- **新建大小**：设置调整后画布的宽度和高度，默认为当前大小。如果设定的宽度和高度大于图像的尺寸，Photoshop会在原图像的基础上增大画布的面积；反之，则减小画布的面积。

图1-50　"画布大小"对话框

- **相对**：单击选中该复选框，则"新建大小"选项区域中的宽度和高度参数表示的是在原画布的基础上增大或减小的尺寸（而非调整后的画布尺寸），正值表示增大尺寸，负值表示减小尺寸。
- **定位**：单击不同的方格，可指示当前图像在新画布上的位置。
- **画布扩展颜色**：在该下拉列表中可选择扩展画布后填充的预设颜色；也可单击该下拉列表框右侧的颜色块，在打开的"拾色器（画布扩展颜色）"对话框中自定义画布的颜色。

1.3.6 图像的裁剪与变换

进行平面设计时难免要搜集和应用图像素材，但搜集的图像可能不完全符合设计需求，此时可在Photoshop中裁剪与变换图像，使其达到需要的效果。

1. 裁剪图像

Photoshop提供了两种裁剪图像的工具，用户既可以仅裁剪图像，也可以在裁剪图像的同时校正畸形透视。

（1）裁剪工具。

当仅需要图像的一部分时，可以使用"裁剪工具" 🔲 来快速裁掉不需要的部分。选择"裁剪工具" 🔲 后，其工具属性栏如图1-51所示。

图1-51 "裁剪工具"的工具属性栏

- 比例：用于设置裁剪比例，其中选择"原始比例"选项可以自由调整裁剪框的尺寸。
- 宽度/高度：位于"比例"下拉列表框右侧，用于输入裁剪图像的宽度和高度的数值。
- 拉直：单击"拉直"按钮 🔲，可将图像中倾斜的内容拉直。
- 视图：默认显示为"三等分"，单击"视图"按钮 🔲，在打开的下拉列表中可以设置裁剪的参考线，有助于合理构图。
- 设置：单击"设置"按钮 🔲，在打开的下拉列表中单击选中"使用经典模式"复选框将使用以前版本的裁剪工具；单击选中"启用裁剪屏蔽"复选框，裁剪区域外将被颜色选项中设置的颜色覆盖。
- 删除裁剪的像素：默认状态下，裁剪掉的图像被保留在文件中，使用"移动工具" 🔲 可使隐藏的部分显示出来。如果要彻底删除裁剪的图像，则需要单击选中"删除裁剪的像素"复选框。

选择"裁剪工具" 🔲 后，将鼠标指针移到图像编辑区中，按住鼠标左键不放并拖曳，框选出须保留的图像区域。在保留区域四周有一个定界框，拖曳定界框上的控制点可调整裁剪区域的尺寸，按【Enter】键即可完成裁剪操作。

（2）透视裁剪工具。

"透视裁剪工具" 🔲 可以解决拍摄不当造成的透视畸形的问题。选择"透视裁剪工具" 🔲 后，其工具属性栏如图1-52所示。

图1-52 "透视裁剪工具"的工具属性栏

- W/H：用于输入图像的宽度值和高度值，可以按照设定的尺寸裁剪图像。
- 分辨率：用于输入裁剪图像的分辨率，裁剪图像后，图像的分辨率自动调整为设置的值，在实际操作中应尽量将分辨率的值设置为高的值。
- 前面的图像：单击 🔲 按钮，"W"数值框、"H"数值框、"分辨率"数值框中显示当前文件的尺寸和分辨率。如果打开了两个文件，则将显示另一文件的尺寸和分辨率。
- 清除：单击 🔲 按钮，可清除"W"数值框、"H"数值框、"分辨率"数值框中的数据。
- 显示网格：单击选中"显示网格"复选框将显示网格线，取消选中则隐藏网格线。

选择"透视裁剪工具" 🔲 后，框选需要裁剪的区域，拖曳定界框上的控制点可调整裁剪区域的尺寸，按【Enter】键即可完成裁剪操作。

2. 变换图像

变换图像是编辑处理图像经常使用的操作，它可以使图像产生缩放、旋转、斜切、扭曲、透视、变形和翻转等效果。选择【编辑】/【变换】命令，在弹出的子菜单中选择相应命令，即可变换图像。

- 缩放：用于缩放图像。按住【Shift】键不放并拖曳控制点，即可进行等比例缩放。
- 旋转：用于旋转图像。按住【Shift】键不放并拖曳控制点，可锁定每次旋转角度为15°。在工具属性栏中可输入旋转角度的数值，正数表示顺时针旋转，负数表示逆时针旋转。
- 斜切：可将图像以某一边为基线进行斜切变换，如图1-53所示。
- 扭曲：可将图像朝任意方向移动图像的某一条边或某一个角，如图1-54所示。
- 透视：可调整图像与周围画面间的透视关系，如图1-55所示。
- 变形：可将图像拆分为不同大小的网格，通过拖曳网格上的锚点来变形图像。用户可在工具属性栏中自定义网格拆分选项，同时可以拖曳图像编辑区中锚点上的调节手柄，更精准地操纵变形，如图1-56所示。

  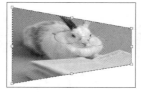 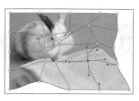

图1-53 斜切　　　　图1-54 扭曲　　　　图1-55 透视　　　　图1-56 变形

- 翻转：包括"水平翻转"或"垂直翻转"两种，如果需要使用对称的图像，可以对图像进行复制并翻转。

技能提升

图1-57所示为某绿植网店首页，请结合前文讲述的知识，上网搜索网页设计相关资料，然后分析该首页。

高清彩图

（1）使用Photoshop制作网页时，应该新建什么宽度、高度、分辨率、颜色模式的文件？

_____

_____

（2）该首页由哪些板块构成？你在设计该首页时，会如何设置参考线？请使用铅笔尝试在该首页图片上划分板块，模拟参考线的位置。

_____

_____

_____

图1-57 网店首页

在Photoshop中，使用"动作"面板或"批处理"命令，能快速对多幅图像进行相同的处理操作，包括修改尺寸、裁剪、变换、调色、添加滤镜等，从而提高设计效率。关于这两个自动化处理功能的介绍可扫描右侧的二维码查看详细内容。

扫码看详情

1.4 课堂实训

1.4.1 设计中式装饰画

1. 实训背景

某中式家居店铺准备增加装饰画品类的商品，为了符合店铺定位，装饰画的主要风格应多偏向中国风、古典风，尺寸不限，但除设计装饰画本身外，还需要制作出场景效果，便于消费者观看。

2. 实训思路

（1）确定主题，收集资料。由于该家居店铺主要售卖中式风格的商品，因此装饰画也可以制作成中式风格，结合古诗词文案（如杜甫的《旅夜书怀》），并收集与所选古诗词相关的图片素材（如以月夜为背景、以星光为装饰），营造出所选古诗词描述的氛围，同时也与家居装饰画的功能相契合。

高清彩图

（2）设计装饰画。为素材执行打开、置入、变换等操作，将素材组合为完整的装饰画，如图1-58所示。

（3）制作场景效果。中式装饰画的展示场景通常也为中式风格。根据实际的生活经验，可以以玄关、客厅、书房为装饰画的展示场景，在场景图片中置入设计后的装饰画，并通过"变换"命令调整装饰画的透视角度，使其融入场景。

本实训的参考效果如图1-59所示。

图1-58　设计装饰画

图1-59　参考效果

素材位置: 素材\第1章\装饰画

效果位置: 效果\第1章\装饰画.psd、装饰画场景.psd

3. 步骤提示

视频教学:
设计中式装饰画

步骤 01 打开"月夜.jpg"素材,置入"星光.png"素材,并调整至合适的尺寸和位置。

步骤 02 打开"古诗词.psd"素材,使用"移动工具"✛.将其中的古诗词及装饰线拖入"夜晚背景.jpg"素材中,调整至合适的尺寸和位置,按【Shift+Ctrl+Alt+E】组合键盖印图层。

步骤 03 打开"装饰画场景.jpg"素材,使用"移动工具"✛.将盖印后的装饰画拖入"装饰画场景.jpg"素材中。

步骤 04 选择【编辑】/【变换】/【扭曲】命令,将装饰画移至画框中,并使其贴合场景的透视角度。然后保存文件,查看完成后的效果。

1.4.2 排版家居网站页面

1. 实训背景

某家居店铺近期准备对网站进行升级改版,在保持原有网页板块(店招、Banner、板块详情、页尾)不变的基础上,需要将之前的网页素材重新排版,以获得更美观的视觉效果。现已提供网页素材,要求以1920像素×2700像素的尺寸排版网站页面,在布局中体现出简洁和现代感。

2. 实训思路

(1)新建文件。按照尺寸要求新建网页文件,文件的背景内容可设置为白色,奠定网页整体简洁的基调。

(2)查看素材,划分板块。查看素材时,可在心中按照板块将素材分类,明确每个素材所在的板块。然后在新建的网页文件中添加参考线,确定每个板块在网页中的位置和尺寸,以及每个板块内部的素材位置和尺寸。

(3)裁剪图片、填充板块。查看素材后可发现部分图片素材尺寸过大,且比例不同,为了打造规整的版式效果,可以先在Photoshop中打开图片,裁剪至合适比例,再拖入新建的网页文件中,如图1-60所示。对于其他素材,可按照前期构思依次置入网页中。

本实训的参考效果如图1-61所示。

素材位置: 素材\第1章\网页

效果位置: 效果\第1章\家居网站页面.psd、家居网站页面.jpg

3. 步骤提示

高清彩图

步骤 01 新建尺寸为"1920像素×2700像素"、分辨率为"72像素/英寸"、颜色模式为"RGB颜色"、名称为"家居网站页面"的文件。

步骤 02 按【Ctrl+R】组合键显示标尺,从水平标尺和垂直标尺上拖出参考线,将参考线添加到图像编辑区中。

视频教学:
排版家居网站
页面

步骤 03 打开图片素材,使用"裁剪工具"🔓.裁剪图片至合适比例,然后使用"移动工具"✛.将裁剪后的图片拖入"家居网站页面"文件中,调整图片的尺寸和位置。

步骤 04 打开"网页素材.psd"素材，将其中所有内容拖入"家居网站页面"文件中，调整素材的尺寸和位置。

步骤 05 保存文件，并将文件导出为JPEG格式，查看完成后的效果。

图1-60　添加图片

图1-61　参考效果

1.5 课后练习

练习 1　制作证件照

　　某打印店需要将一位客户的照片制作成1英寸证件照。制作时，可以先按照1英寸证件照的比例裁剪照片，裁剪时应将人像置于裁剪框中央，然后通过"图像大小"命令将图像调整为1英寸证件照的高度和宽度，制作前后的对比效果如图1-62所示。

素材位置： 素材\第1章\照片.jpg

效果位置： 效果\第1章\证件照.jpg

高清彩图

图1-62　制作前后的对比效果

✍ 设计素养

　　证件照需为正脸肖像，且需展露出双耳与双眉，背景为红色、蓝色或白色纯色。证件照的尺寸一般以英寸为单位，为了方便使用，可将其换算成厘米。1英寸证件照的尺寸为2.5厘米×3.5厘米；2英寸证件照的尺寸为3.5厘米×5.3厘米；3英寸证件照的尺寸为5.5厘米×8.4厘米。

练习 2　制作网店首页广告图片

　　某网店新设计了一张首页广告图，现需要修改图像尺寸，使图像更加符合网店首页需求，要求宽度为950像素，高度不限，然后将该图像放到网店首页中进行展示，调整前后的对比效果如图1-63所示。

高清彩图

　　素材位置：素材\第1章\网店首页

　　效果位置：效果\第1章\网店首页广告图片.psd

图1-63　调整前后的对比效果

第 **2** 章　创建与编辑选区

选区是被选中的图像区域，在Photoshop中表现为一圈不断闪动的虚线所圈出的区域。在进行平面设计时，经常只需要处理图像中的某一部分，此时就可以使用选区将其单独选出进行处理，而不会影响图像中的其他区域。通过创建与编辑选区，用户可以绘制出不同形状的选区，实现局部图像的抠取、美化、调色、变换等，制作出不同效果的平面设计作品。

📖 学习目标

◎ 掌握创建选区的方法
◎ 掌握编辑选区的方法

✛ 素养目标

◎ 能够利用选区制作富有创意、传播正能量的平面设计作品
◎ 在抠取与组合素材的过程中增强对素材的判断与分析能力

◈ 案例展示

生日会招贴

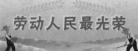

"劳动节"公众号首图

网店首页形象Banner

6·18电商海报

创建选区

进行平面设计时，为了更方便地处理图像素材，可使用Photoshop的选框工具、套索工具等来创建选区，使图像处理操作只对选区内的图像有效。

2.1.1　课堂案例——设计生日会招贴

案例说明：某家长准备为小孩举办生日会，需要制作一张389毫米×546毫米（4开标准）的"生日会"招贴，用于张贴于宴会厅门口，指引客人参加。考虑到生日会主人公为小朋友，招贴可采用卡通风格进行设计，并结合可爱的生日素材，营造欢快的氛围，参考效果如图2-1所示。

知识要点：椭圆选框工具；套索工具；磁性套索工具。

素材位置：素材\第2章\生日会

效果位置：效果\第2章\生日会招贴.psd

高清彩图

图2-1　参考效果

> ✏️ **设计素养**
>
> "招贴"即"为招引注意而进行张贴"，是户外广告、户外海报的主要形式，多用制版印刷方式制成，在公共场所和商店内外张贴使用。招贴需要主题明确、有针对性，内容精练，能够准确地传达信息。

设计生日会招贴的具体操作步骤如下。

步骤 01 新建尺寸为"389毫米×546毫米"、分辨率为"150像素/英寸"、颜色模式为"CMYK颜色"、名称为"生日会招贴"的文件。

步骤 02 选择"椭圆选框工具" ◯，在图像编辑区左上角绘制椭圆选区，如图2-2所示，释放鼠标左键即可形成选区。在工具属性栏中单击"添加到选区"按钮 ◻，继续沿着图像编辑区边缘绘制椭圆选区。

步骤 03 设置前景色为"#f7c95e"，然后按【Alt+Delete】组合键填充前景色，如图2-3所示，为背景添加装饰，再按【Ctrl+D】组合键取消选区。

步骤 04 打开"蛋糕.jpg"素材，选择"磁性套索工具" ⌇，在工具属性栏中设置频率为"70"，在蛋糕图像左边缘单击，然后沿着图像轮廓边缘移动鼠标指针，Photoshop将自动添加磁性锚点，如图2-4所示。

视频教学：
设计生日会招贴

使用"椭圆选框工具" ◯.时，按住【Alt】键的同时拖曳鼠标指针，可以以鼠标指针位置为中心创建椭圆选区；按住【Shift】键的同时拖曳鼠标指针，可以绘制圆形选区；按住【Alt+Shift】组合键的同时拖曳鼠标指针，可以以鼠标指针位置为中心创建圆形选区。使用"磁性套索工具" ▷.时，可能会由于鼠标指针移动不恰当而产生多余的锚点，此时可按【Backspace】键或【Delete】键删除最近创建的锚点。

步骤 05 沿着蛋糕图像拖曳一周后，将鼠标指针移至第一个磁性锚点上方，当鼠标指针将变为 ▷ 形状时单击鼠标左键闭合选区，如图2-5所示。然后使用"移动工具" ✛.将该选区拖曳到"生日会招贴"文件中，放到画面左下角，如图2-6所示。

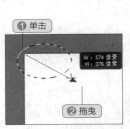 

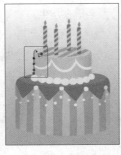

图2-2　绘制椭圆选区　　　图2-3　填充选区　　　图2-4　添加磁性锚点　　　图2-5　闭合选区

步骤 06 打开"文字.psd"素材，使用"移动工具" ✛.将该素材拖曳到"生日会招贴"文件中，放到画面上方，然后在"图层"面板中单击底部的"创建新图层"按钮 ▣ 新建图层，单击选中新建的图层，按住鼠标左键不放，将该图层拖曳至蛋糕图像所在图层的下方。

步骤 07 选择"套索工具" ◯.，在文字周围绘制一个自由选区，如图2-7所示。设置前景色为"#facfa1"，然后按【Alt+Delete】组合键填充选区。

步骤 08 按【Ctrl+D】组合键取消选区，打开"旗子.psd""气球.psd""小熊.psd"素材，使用"移动工具" ✛.将其中所有素材分别拖曳到"生日会招贴"文件中，分别调整尺寸和位置用于装饰招贴，如图2-8所示。

步骤 09 选择"横排文字工具" Ｔ.，在工具属性栏中设置字体为"方正卡通简体"、颜色为"#ec6b6a"，在招贴中间单击插入光标，输入说明文字后按【Ctrl+Enter】组合键，再按【Ctrl+T】组合键调整文字的尺寸和位置，输入文字的效果如图2-9所示。按【Ctrl+S】组合键保存文件。

图2-6　拖曳到蛋糕　　　图2-7　绘制自由选区　　　图2-8　添加素材　　　图2-9　输入文字的效果

2.1.2　选框工具组

选框工具组主要用于创建规则的几何形状选区。用户将鼠标指针移动到工具组的"矩形选框工具" 上，单击鼠标右键或按住鼠标左键不放，打开该工具组，便可看到"矩形选框工具" 、"椭圆选框工具" 、"单行选框工具" 、"单列选框工具" 。这4种工具分别用于创建规则的矩形选区、椭圆选区、1像素的水平选区、1像素的竖直选区。当选择某个工具后，相应的工具属性栏会出现，用户可以在其中进行进一步的设置。由于这4种工具的工具属性栏十分相似，因此这里以"椭圆选框工具" 的工具属性栏（见图2-10）为例，介绍各选项的作用。

图2-10　"椭圆选框工具"的工具属性栏

- **选区创建方式**：单击"新选区"按钮 ，可以创建一个新的选区；单击"添加到选区"按钮 ，可以在原选区中添加新创建的选区；单击"从选区减去"按钮 ，可以在原选区中减去新创建的选区；单击"与选区交叉"按钮 ，可得到原选区与新创建的选区之间相交的部分。
- **羽化**：用于使选区边缘产生一种渐隐、过渡的虚化效果，数值越大，羽化效果越明显。
- **消除锯齿**：单击选中"消除锯齿"复选框，可消除选区的锯齿边缘。
- **样式**：在"样式"下拉列表中可设置选区的形状。选择"正常"选项时，可以自由创建不同尺寸和形状的选区；选择"固定长宽比"选项或"固定大小"选项时，需要在右侧设置宽度和高度。
- **选择并遮住**：单击 按钮，进入"选择并遮住"工作窗口，可以创建选区或者细致地调整已经创建的选区。

2.1.3　套索工具组

套索工具组主要用于创建不规则的图像选区，或较为精确地抠取图像。该工具组的打开方式与选框工具组相似。其中，"套索工具" 可用于在图像中的任意位置创建不规则选区；"多边形套索工具" 可用于选取边界为直线或折线的复杂图像；"磁性套索工具" 可用于自动捕捉图像中对比度较大的区域，从而快速、准确地选取图像。由于这3种工具的工具属性栏十分相似，因此这里以"磁性套索工具" 的工具属性栏（见图2-11）为例，介绍各选项的作用。

图2-11　"磁性套索工具"的工具属性栏

- **宽度**：用于设置套索线条能够探测的边缘宽度。当选取对比度越大的图像时，所设置的宽度应越大，探测范围也就越大。
- **对比度**：用于设置所选取的图像边缘的对比度范围。数值大，则会选取对比度较强的边缘；反之，则会选取对比度较弱的边缘。
- **频率**：用于设置选取图像时产生的固定节点数。
- **使用绘图板压力以更改钢笔宽度**：在计算机上接入绘图板和压感笔时，单击 按钮，Photoshop可自动根据压感笔的压力调整"磁性套索工具" 的检测范围，压力越强，检测的边缘宽度越窄。

🔔 **提示**

在使用"多边形套索工具" ⊠.创建选区时，按住【Shift】键不放，可按水平、垂直、45°方向创建线段；按【Delete】键可删除最近创建的线段。

技能提升

图2-12所示为某设计展览招贴，请结合本小节所讲述的知识，分析该作品并进行练习。

（1）招贴中的线段、形状、图像等可使用本小节讲解的哪些工具来完成？请思考每个效果对应的工具及操作。

高清彩图

_____

_____

（2）尝试利用提供的素材（素材位置：素材\第2章\展览招贴）设计一个展览招贴，从而举一反三，促进思维的拓展与能力的增强。

效果示例

图2-12　某设计展览招贴

2.2 编辑选区

创建选区后，为了设计出更丰富的效果，用户时常还需要编辑选区，以使选区范围更加准确。

2.2.1 课堂案例——设计"劳动节"公众号首图

案例说明：某微信公众号想要在劳动节当日发布一篇歌颂劳动精神的推文，因此需要设计"劳动节"公众号首图。为了起到点题和吸引用户点击的作用，考虑在首图中央添加文章标题，背景以绿色为主色，采用插画风格，并添加劳动节相关素材，营造朴实、自然的氛围，要求首图尺寸为900像素×383像素，参考效果如图2-13所示。

知识要点：载入选区；扩展选区；变换选区；填充选区；边界选区。

素材位置：素材\第2章\劳动节

效果位置：效果\第2章\"劳动节"公众号首图.psd

高清彩图

图2-13 参考效果

设计素养

微信公众号首图影响着用户对推文的第一印象，一般在完成推文撰写后进行设计。首图的效果一定要与微信公众号的定位相符，保持一致；标准尺寸为 900 像素 ×383 像素，比例为 2.35∶1（若超过该尺寸，超出部分的图像将无法显示）。虽然推文标题最多可以有 64 个中文字符，但在设计微信公众号首图时，只需要提炼推文中的重要信息，将更简洁的关键词放置在封面即可，控制在 20 字内较为合适。

设计"劳动节"公众号首图的具体操作步骤如下。

步骤 01 新建尺寸为"900像素×383像素"、分辨率为"72像素/英寸"、颜色模式为"RGB颜色"、名称为"'劳动节'公众号首图"的文件。

步骤 02 置入"背景.jpg"素材，适当调整其尺寸和位置。然后选择"横排文字工具" **T**，在图像编辑区中央输入"劳动人民最光荣"文字，选择【窗口】/【字符】命令，打开"字符"面板，设置字体为"方正艺黑简体"、字体大小为"100 点"、字距为"50"、颜色为"#05a930"，如图2-14所示。

视频教学：
设计"劳动节"
公众号首图

步骤 03 选择【选择】/【载入选区】命令，打开"载入选区"对话框，保持默认设置不变，单击（确定）按钮，刚刚输入的文字将被自动选中，如图2-15所示。

图2-14 设置字符

图2-15 载入文字选区

步骤 04 新建图层，在"图层"面板中将新图层拖动至文字图层的下方，选择【选择】/【修改】/【扩展】命令，打开"扩展选区"对话框，设置扩展量为"5"，单击（确定）按钮。

步骤 05 选择【选择】/【变换选区】命令，此时图像编辑区中的选区上将出现定界框，将定界框向左上方拖曳一定距离，形成错位效果，如图2-16所示，按【Enter】键确认变换。

图2-16 变换选区

疑难解答

为什么使用"变换选区"命令后，选区内的图像没有变化？

"变换选区"命令只针对选区进行变换，对选区里的图像没有影响；而"变换"命令主要针对图层中的图像进行变换，在变换时不仅可以变换选区，还可以变换选区里的图像。

步骤 06 选择【编辑】/【填充】命令，打开"填充"对话框，在"内容"下拉列表中选择"颜色"选项后，Photoshop将自动打开"拾色器（填充颜色）"对话框，在其中设置填充颜色为"#f3f87f"，单击 确定 按钮关闭"拾色器（填充颜色）"对话框，再单击 确定 按钮确认填充设置，如图2-17所示。

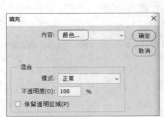

图2-17 填充选区

步骤 07 按【Ctrl+D】组合键取消选区，填充效果如图2-18所示。

步骤 08 使用"横排文字工具" **T**.在"劳动人民最光荣"下方输入"五一国际劳动节"文字，在"字符"面板中设置字体为"方正大标宋简体"、字体大小为"30点"、字距为"25"、颜色为"#fdd739"，并单击"字符"面板底部的"仿粗体"按钮 **T**。然后使用"矩形选框工具" 在"五一国际劳动节"文字上绘制长方形选区，如图2-19所示。

步骤 09 选择【选择】/【修改】/【边界】命令，打开"边界选区"对话框，设置宽度为"3像素"，单击 确定 按钮，然后为选区填充"#fdd739"颜色，边界效果如图2-20所示。

图2-18 填充效果　　　　图2-19 输入文字并绘制选区　　　　图2-20 边界效果

步骤 10 打开"麦穗边框.png"素材，使用"矩形选框工具" 框选图2-21所示的麦穗。

步骤 11 按【Ctrl+C】组合键复制选区内容，切换到"'劳动节'公众号首图"文件，按两次【Ctrl+V】组合键粘贴选区内容，调整至合适的角度、尺寸和位置。

步骤 12 依次置入"劳动者1.png""劳动者2.png"素材，分别调整尺寸和位置，如图2-22所示，最后按【Ctrl+S】组合键保存文件。

图2-21 框选麦穗

图2-22 置入并调整素材

2.2.2 扩展与收缩选区

创建选区后如果不满意选区尺寸，可通过扩展与收缩选区的操作重新修改选区尺寸，而不需要再次建立选区。

1. 扩展选区

在图像中创建选区后，如果创建的选区范围略小，可选择【选择】/【修改】/【扩展】命令，打开"扩展选区"对话框，在"扩展量"文本框中输入选区扩展的数值，如输入"100"，单击 确定 按钮，选区将向外扩展100像素，如图2-23所示。

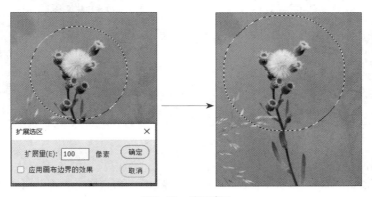

图2-23 扩展选区

2. 收缩选区

收缩选区与扩展选区效果相反。在图像中创建选区后，选择【选择】/【修改】/【收缩】命令，打开"收缩选区"对话框，在"收缩量"文本框中输入选区收缩的数值，如输入"100"，单击 确定 按钮，选区将向内收缩100像素，如图2-24所示。

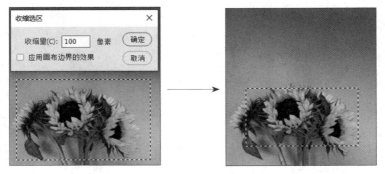

图2-24 收缩选区

2.2.3 平滑与边界选区

创建选区后如果选区边缘不够平滑，还需要平滑选区。此外，通过边界选区操作还可以创建线框，利用某个选区得到更丰富的效果。

1. 平滑选区

如果创建的选区边缘比较生硬，可使用"平滑"命令，让选区边缘变得更加平滑。其方法：创建选区后，选择【选择】/【修改】/【平滑】命令，打开"平滑选区"对话框，在"取样半径"数值框中输入选区平滑的数值，如输入"50"，单击 确定 按钮，完成平滑选区操作，如图2-25所示。

图2-25 平滑选区

2. 边界选区

在图像中创建选区后，如果需要为选区的边界创建选区，可选择【选择】/【修改】/【边界】命令，打开"边界选区"对话框，在"宽度"文本框中输入选区边界的数值，如输入"50"，单击 确定 按钮，完成边界选区操作，如图2-26所示。

图2-26 边界选区

2.2.4　存储与载入选区

对于需要长期使用的选区，可以先将选区存储起来，下次需要使用时直接载入存储的选区即可。这样不但能节省重复绘制选区的时间，还可避免每次创建选区时出现差异的情况。

1．存储选区

在对选区进行存储后才能对选区进行载入。存储选区的方法：创建选区后，选择【选择】/【存储选区】命令或在选区上单击鼠标右键，在弹出的下拉列表框中选择"存储选区"命令，打开"存储选区"对话框，如图2-27所示，在其中可设置选区存储的目标文档、通道名称等，单击 确定 按钮，选区将被存储。

图2-27　"存储选区"对话框

- 文档：用于选择在当前文档创建新的Alpha通道还是创建新的文档，并将选区存储为新的Alpha通道。
- 通道：用于设置保存选区的通道，在该下拉列表中显示了所有的Alpha通道和"新建"选项。
- 名称：在"名称"文本框中可以设置通道名称，方便查询和使用。
- 操作：用于选择通道的处理方式，包括"新建通道""添加到通道""从通道中减去"和"与通道交叉"4个单选按钮。

2．载入选区

若需要使用之前存储的选区，可选择【选择】/【载入选区】命令，打开"载入选区"对话框，如图2-28所示，在其中可选择需要载入的选区及载入方式，单击 确定 按钮，可将已存储的选区载入图像中。

图2-28　"载入选区"对话框

- 文档：用于选择已存储的选区图像。
- 通道：用于选择已存储的选区通道。
- 反相：单击选中该复选框，可以反向选择已存储的选区。
- 操作：若当前图像中已包含选区，在该栏中可设置如何合并载入选区。

2.2.5　填充与描边选区

在制作图像效果时，有时需要填充选区，或为创建的选区描边，这时可使用Photoshop提供的填充和描边功能进行操作。

1．填充选区

填充选区是指在创建的选区内部填充颜色或图案，方法主要有以下3种。

（1）使用快捷键填充。

单击工具箱底部的前景色/背景色色块，在打开的"拾色器"对话框中设置颜色后，按【Alt+

Delete】组合键可用前景色填充选区；按【Ctrl+Delete】组合键可用背景色填充选区。

（2）使用工具填充。

Photoshop在工具箱中提供了两种可填充选区的工具。

● **油漆桶工具**：选择"油漆桶工具" ，在工具属性栏可选择"前景色"和"图案"两种填充方式，设置好填充方式和填充内容后，将鼠标指针移至选区上，单击鼠标左键即可填充选区。

● **渐变工具**：选择"渐变工具" ，在工具属性栏中可设置多种渐变颜色和渐变类型，将鼠标指针移至选区上，按住鼠标左键不放并向某个方向拖曳，释放鼠标左键后即可填充渐变颜色。

（3）使用命令填充。

选择【编辑】/【填充】命令，打开"填充"对话框，如图2-29所示，在其中设置好填充内容和混合模式等后，单击 确定 按钮，即可填充选区。

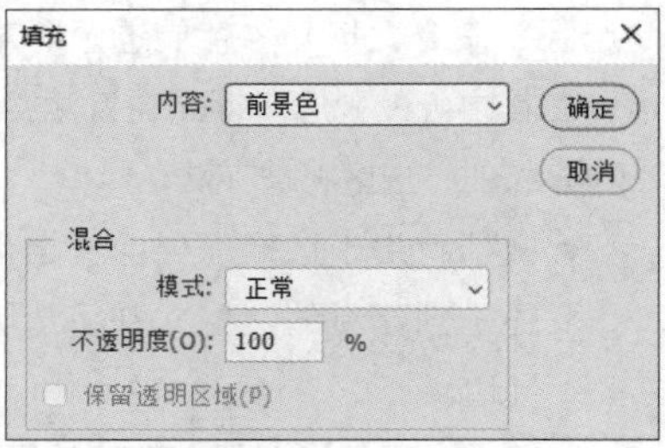

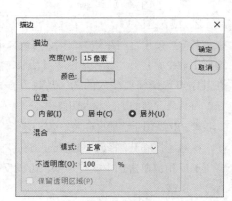

图2-29 "填充"对话框

- **内容**：用于设置填充的具体内容，包括前景色、背景色、颜色、内容识别、图案、历史记录、黑色、50% 灰色、白色9个选项。

- **模式**：用于设置填充内容的混合模式。

- **不透明度**：用于设置填充内容的不透明度。

- **保留透明区域**：单击选中该复选框后，将只填充选区中存在像素的区域，不填充选区中的透明区域。

2. 描边选区

描边选区是指使用一种颜色沿选区边界进行填充。其方法为创建需要描边的选区后，选择【编辑】/【描边】命令，打开"描边"对话框，如图2-30所示，在其中设置好描边的内容、位置和混合模式等后，单击 确定 按钮，即可描边选区。

- **宽度**：用于设置描边的宽度，单位为像素。

- **颜色**：单击右侧的色块，在打开的"拾色器（描边）"对话框中可以设置用于描边选区的颜色。

- **位置**：用于设置描边所处的选区位置。

- **模式**：用于设置描边颜色的混合模式。

图2-30 "描边"对话框

- **不透明度**：用于设置描边颜色的不透明度。

- **保留透明区域**：单击选中该复选框，将只对选区中存在像素的区域进行描边，不对选区中的透明区域进行描边。

疑难解答

描边选区和边界选区有何区别？

描边选区与边界选区的最终效果虽然相似，但描边选区直接为选区边缘描绘颜色，且比较光滑；而边界选区则新建一个中空的选区，且选区边缘自带羽化效果。

技能提升

图2-31所示为一张音乐专区Banner，其中的背景、装饰，以及人物和文字边框等元素都能够通过创建和编辑选区来完成，请结合本小节所讲的知识，尝试对该Banner中的这些元素进行修改（素材位置：素材\第2章\音乐Banner），探索更多的设计表现形式。

高清彩图   效果示例

图2-31   音乐专区Banner

 **设计素养**

Banner广告即横幅广告，是互联网广告的主要形式，常出现在网页界面中，有静态、动态、交互式等多种表现形式。Banner广告根据所处位置的不同，有728像素×90像素、600像素×215像素、220像素×50像素等多个尺寸，用户也可以根据需要自定义尺寸。

2.3
课堂实训

2.3.1 设计6·18电商海报

1. 实训背景

某电商平台为了增加平台中在线商店的流量和成交量，准备开展购物活动，现平台方要求以"6·18年中特惠"为主题设计一张尺寸为1000像素×1500像素的电商海报，要求体现出活动主题，在版式和色彩上都具有强烈的视觉冲击力，视觉效果突出，营造出促销氛围。

2. 实训思路

（1）确定风格和配色。电商海报可以采用插画风格，在主题周围添加插画元素，可以增加文字信息的趣味性和易看性，从而在图文配合中营造更加强烈的促销氛围。此外，该海报的色调可采用橙色，橙色具有兴奋、温暖、欢乐、热情的色彩情感，有助于刺激消费者的购买欲。辅助色可以选择橙色的相近色，用于装饰主色图形；还可以使用少量对比色，起到增强画面冲击力的效果。

（2）设计背景。为了聚焦消费者的视线，突出活动主题，可以采用中心版式来设计背景，通过套索工具绘制波浪形边框，并利用Photoshop扩展与收缩选区的功能制作不同尺寸的边框。再利用多边形套索工具绘制放射状线条，有助于将消费者视线聚焦到海报中央。此外，为了更多地展示活动信息，还可以使用矩形选框工具、椭圆选框工具等，设计海报顶部的文字背景，如将其设计成公告牌形状，如图2-32所示，用于放置一些次要的文字信息。

（3）添加装饰和文字。为了丰富背景、突出主题，可以在背景四周添加渐变装饰、女生插画等（见图2-33），添加标题并居中放大，还可添加介绍活动信息、优惠力度的其他文字。

本实训的参考效果如图2-34所示。

高清彩图

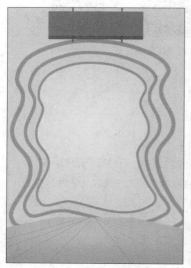

图2-32　设计背景

图2-33　添加装饰

图2-34　参考效果

素材位置： 素材\第2章\电商

效果位置： 效果\第2章\电商海报.psd

3．步骤提示

视频教学：
设计6·18电商
海报

步骤 01 新建尺寸为"1000像素×1500像素"、分辨率为"72像素/英寸"、颜色模式为"RGB颜色"、名称为"电商海报"的文件。

步骤 02 选择"渐变工具" ，在工具属性栏单击"径向渐变"按钮，设置渐变颜色为"#ffefca～#ffe3a8"，用于填充背景。

步骤 03 新建图层，使用"套索工具" 绘制一个波浪形边框并进行描边，然后缩小选区，新建图层并重复描边操作，得到另外两个波浪形边框。

步骤 04 新建图层，使用"多边形套索工具" 在底部绘制道路形状的选区，并填充渐变颜色。然后在其上依次绘制并描边多个不同大小的三角形选区。

步骤 05 新建图层，使用"矩形选框工具" 、"椭圆选框工具" 在图像编辑区顶部绘制公告牌形状的选区，并填充选区。

步骤 06 打开"主题.psd""装饰.psd"素材，将其中所有素材拖曳到"电商海报"文件中，适当调整素材的尺寸和位置。

步骤 07 使用"横排文字工具" 在海报顶部、中部、底部分别输入相关文字，并打开"字符"面板设置文字格式，然后保存文件，查看完成后的效果。

2.3.2　设计水果宣传 Banner

1. 实训背景

某水果网店为了宣传店铺中的新鲜水果，准备制作一张水果宣传Banner，用于展示在网店首页中。该Banner需要为顾客带来新鲜、清爽的视觉感受，设计效果简洁大方，配色时尚、清新。

2. 实训思路

（1）制作有层次感的背景。为了增加Banner的层次感，考虑为背景中的形状素材添加阴影，可通过载入选区、羽化选区、填充选区的操作来实现，如图2-35所示。

（2）添加商品图片和文字。为了贴合"新鲜水果"的主题，突出网店商品的优质程度，可在Banner中添加新鲜水果的图片，以及相关的宣传文字，这样既能增添水果新鲜的真实性，又能让顾客直观地了解水果，如图2-36所示。

（3）丰富画面效果。为了增强Banner的宣传度，可以添加"新鲜好味道""全场8折起""鲜甜多汁"等文字，使其与水果图片素材、主题相互呼应。还可通过选区工具在标语下方绘制形状作为装饰，以强调宣传标语。此外，为了突出水果店的特点，可运用载入、填充选区的方式，在描述特点的文字旁制作勾选符号，增加描述的可信度。

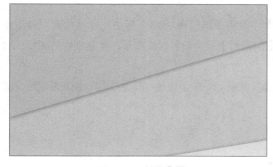

图2-35　制作背景

图2-36　添加商品图片和文字

本实训的参考效果如图2-37所示。

素材位置：素材\第2章\水果

效果位置：效果\第2章\水果宣传Banner.psd

图2-37　参考效果

高清彩图

3. 步骤提示

步骤 01 新建尺寸为"1200像素×730像素"、分辨率为"100像素/英寸"、颜色模式为"RGB颜色"、名称为"水果宣传Banner"的文件。

步骤 02 打开"形状.psd"素材，在"形状 1"图层下方新建"投影 1"图层，载入"形状 1"图层中的浅蓝色多边形选区，然后使用"羽化"命令羽化该选区，再填充选区为粉色，制作出投影效果。

视频教学：
设计水果宣传
Banner

步骤 03 使用与步骤02相同的方法制作"形状 2"图层的投影，然后将制作好的背景拖曳到"水果宣传Banner"文件中。

步骤 04 打开"水果.psd"素材，使用"移动工具"将水果图像和水图像移动到"水果Banner"文件中，然后适当调整其大小和位置。

步骤 05 使用"横排文字工具" **T.** 输入"新鲜水果"文字，载入文字选区，新建图层，描边选区，制作出文字描边效果。

步骤 06 使用"多边形套索工具" 在标题下方绘制一个青色标签，然后使用"横排文字工具" **T.** 在标签上输入"新鲜好味道""全场8折起"文字，在标签下方输入"鲜甜多汁""绿色无添加""天然健康"文字。

步骤 07 置入"符号.png"素材，载入该符号选区。

步骤 08 新建图层，为选区填充蓝绿色，并使用"移动工具" 将填充后的图像移动到"鲜甜多汁"文字左侧，适当调整图像的尺寸和角度。按两次【Ctrl+J】组合键复制该图层，将复制后的图层分别移动到"绿色无添加""天然健康"文字左侧。

步骤 09 在"图层"面板中选择置入的"符号.png"素材，单击下方的"删除图层"按钮删除该图层，然后保存文件，查看完成后的效果。

2.4 课后练习

练习 1 设计美食类公众号首图

某美食类公众号最近将举办"吃货嘉年华"活动，现已撰写完相关宣传推文，需要设计对应的封面首图，以吸引更多人浏览推文并参加活动，同时扩大该公众号的影响力。设计时，为了使封面首图的视觉效果更加美观，可先分别使用"多边形套索工具" 、"磁性套索工具" 为两个蛋糕素材创建选区，然后反选选区，删除原有的背景，再将抠取的蛋糕素材置入背景图中，参考效果如图2-38所示。

素材位置： 素材\第2章\美食类

效果位置： 效果\第2章\美食类公众号首图.psd

高清彩图

图2-38 参考效果（一）

练习 2 设计秋冬上新服装招贴

某服装品牌需要设计一张上新招贴，以宣传秋冬新品，要求招贴突出服装新品，并且通过文案体现主题、优惠折扣、活动信息，以吸引消费者。设计时，可通过与选区相关的操作，将素材中的衣服抠取出来，再将其合并到招贴背景中，参考效果如图2-39所示。

素材位置： 素材\第2章\秋冬上新服装

效果位置： 效果\第2章\秋冬上新服装招贴.psd

高清彩图

图2-39 参考效果（二）

练习 **3** 设计产品 Banner

　　某家居网店主要销售各类挂钟、座钟，店铺整体装修偏向文艺、清爽风格。为了展现店中的闹钟产品，需要设计产品Banner，要求画面干净整洁、美观、温馨。设计时，可先运用选区组合产品图像和家居背景，然后通过创建、羽化选区制作出柔和的阴影效果，最后添加文字，参考效果如图2-40所示。

　　素材位置： 素材\第2章\产品

　　效果位置： 效果\第2章\产品Banner.psd

高清彩图

图2-40　参考效果（三）

第**3**章 应用图层与文字

第　章

图层可以看作独立的透明胶片，在每一张胶片上都可以绘制图像的一部分内容，将所有胶片按顺序叠加起来观察，便可以看到完整的图像。用户可以通过新建不同类型的图层、复制与删除图层等基本操作，改变图像的显示效果，然后通过在图像中添加和编辑文字，制作出内容更加丰富的平面设计作品。

▌📖 学习目标

　◎ 掌握图层的基本操作方法
　◎ 掌握文字的添加与编辑方法

▌✧ 素养目标

　◎ 养成良好的图层使用习惯，提高设计效率
　◎ 深入理解传统文化在推文封面图、茶叶招贴等设计作品中的运用

▌◈ 案例展示

"夏至"节气推文封面图　　　网店首页"新品推荐"模块　　　企业招聘海报

图层的编辑与管理

使用Photoshop处理多个不同的对象时，需要在不同的图层中进行操作。默认情况下，Photoshop只有"背景"图层，此时需要用户自行创建图层。完成创建后还需要对单个图层进行编辑与管理，使图层能够满足制作的需要。

3.1.1 课堂案例——制作"夏至"节气推文封面图

案例说明： 某公众号运营人员写了一篇科普"夏至"节气的推文，以便让更多人感受到传统节气的魅力，从而推广我国的传统文化。为了提升推文的吸引力，需要制作封面图，用于体现推文的主题，要求尺寸为600像素×600像素，结合夏至相关的素材，突出国风之美，参考效果如图3-1所示。

知识要点： 合并图层；锁定与链接图层；新建图层；调整图层顺序。

素材位置： 素材\第3章\夏至素材

效果位置： 效果\第3章\"夏至"节气推文封面图.psd

高清彩图

图3-1　参考效果

设计素养

推文封面图影响着用户对推文的第一印象，好的推文封面图能起到吸引用户点击浏览推文的作用。注意在设计推文封面图时，图片要清晰，文字的数量最好控制在20字内，且一般只展示重要信息。

制作"夏至"节气推文封面图的具体操作步骤如下。

步骤 01 新建尺寸为"600像素×600像素"、分辨率为"300像素/英寸"、颜色模式为"RGB颜色"、名称为"'夏至'节气推文封面图"的文件。

步骤 02 选择【图层】/【新建填充图层】/【纯色】命令，打开"新建图层"对话框，单击 确定 按钮，打开"拾色器"对话框，设置颜色为"#e9f5f2"，单击 确定 按钮新建填充图层。

步骤 03 选择【文件】/【置入嵌入对象】命令，打开"置入嵌入的对象"对话框，在"夏至素材"文件夹中双击置入"背景.psd"素材，按【Enter】键确认置入。

视频教学：制作"夏至"节气推文封面图

步骤 04 在"图层"面板中选择置入的"背景"图层，按【Ctrl+T】组合键，在图像周围将出现变换框，按住【Shift】键等比例缩放图像，向左拖曳边框左侧，直至与下方图像的左侧对齐，向右拖曳边框右侧，直至与下方图像的右侧对齐，如图3-2所示，最后按【Enter】键完成变换。

步骤 05 在"图层"面板中可看到置入图像所在的图层已为选择状态，按住【Shift】键，选择最下方的"背景"图层，将同时选择两个图层及其之间所有的图层，在图层上单击鼠标右键，在弹出的快捷菜单中选择"合并图层"命令，如图3-3所示，将这些图层合并为一个图层，以减少图层数量更便于查看图层。

步骤 06 打开"花朵.psd"素材，在"图层"面板中将自动选择"图层1"图层。按住【Shift】键，选择"图层3"图层，将同时选择"图层1"图层和"图层3"图层及其之间的所有图层。

步骤 07 选择"移动工具"，将所选图层拖入"'夏至'节气推文封面图"文件中，"图层"面板中将自动增加"图层1""图层2"和"图层3"图层，如图3-4所示。

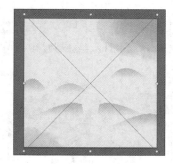

图3-2 调整图像大小　　　图3-3 合并图层　　　图3-4 添加素材

步骤 08 在"图层"面板中选择"图层1"图层，选择【图层】/【重命名图层】命令（或在图层名称上双击鼠标左键），此时所选图层名称将呈可编辑状态，输入新名称"荷花"，以便于后续查找图层，如图3-5所示。

步骤 09 使用相同的方法将"图层2"图层重命名为"花"，将"图层3"图层重命名为"鸟"。

步骤 10 将"荷花"图层等比例缩小，并将其移动到画面右下角，再依次调整"花"图层和"鸟"图层的尺寸，并将其移动到画面左上角，如图3-6所示。

步骤 11 在"图层"面板中选择除"背景"图层外其余所有图层，单击"锁定全部"按钮锁定图层，避免在后续操作过程中误移图层，如图3-7所示。

图3-5 修改图层名称　　　图3-6 调整图层尺寸和位置　　　图3-7 锁定图层

步骤 12 单击"图层"面板底部的"创建新图层"按钮新建"图层1"图层，选择"椭圆选框工具" ◎，将鼠标指针移动到图像中间，按【Shift+Alt】组合键，在鼠标指针位置绘制一个圆形选区，并填充为"#d3e8e5"颜色，如图3-8所示。

🔔 **提示**

在创建图层时，按住【Ctrl】键并单击"创建新图层"按钮 ⊞，可在当前图层下方新建一个图层。

步骤 13 选择【编辑】/【描边】命令，打开"描边"对话框，设置宽度为"1像素"、颜色为"黑色"、位置为"居外"，单击 确定 按钮，得到描边效果，然后按【Ctrl+D】组合键取消选区。

步骤 14 打开"荷花.psd"素材，选择其中所有图层，在"图层"面板底部单击"链接图层"按钮 ，链接所选图层，便于后续统一调整素材，如图3-9所示。

步骤 15 将选择的素材图层拖入"'夏至'节气推文封面图"文件中，将置入的其中任意一个素材缩小，另一个素材也将相应缩小。

步骤 16 此时发现文字内容被遮挡，可在"图层"面板中选择"文字"图层，按住鼠标左键不放，将"文字"图层拖曳到"图层1"图层的上方，当目标位置出现蓝色线条时释放鼠标，完成调整图层顺序操作，如图3-10所示。按【Ctrl+S】组合键保存文件。

图3-8 绘制和填充选区

图3-9 链接图层

图3-10 调整图层顺序

3.1.2 新建图层

图层中可以包含的元素非常多，对应的图层类型也很多，而且不同类型图层的新建方法也会有所差别。

1. 新建普通图层

普通图层一般是空白图层，可以对其进行任意编辑，如修改尺寸、调整透明度、删除和调整顺序等。在Photoshop中单击"图层"面板底部的"创建新图层"按钮 ⊞，或者选择【图层】/【新建图层】命令，打开"新建图层"对话框，如图3-11所示，在其中设置图层参数后单击 确定 按钮即可新建普通图层。

图3-11 "新建图层"对话框

2. 新建背景图层

新建文件时，Photoshop将会自动新建一个背景图层，该图层始终位于"图层"面板底层，且默认被锁定。Photoshop中的图像文件只允许存在一个背景图层,当文件中没有背景图层时,可选择一个图层,选择【图层】/【新建】/【图层背景】命令将当前图层转换为背景图层。

疑难解答

为什么不能对背景图层进行任意操作?

在 Photoshop 中背景图层是被锁定的,因此不能进行重命名、移动等操作,需要先将其转换为普通图层,其方法为在"图层"面板中双击最下方的"背景"图层,打开"新建图层"对话框,保持设置不变并单击 确定 按钮。

3. 新建填充图层

Photoshop 中有3种填充图层,分别是纯色、渐变、图案。

● 纯色填充图层:纯色填充图层是指使用一种单一的颜色来填充图层。

● 渐变填充图层:渐变填充图层是指使用渐变色填充图层。

● 图案填充图层:图案填充图层是指使用一种图案来填充图层。

选择【图层】/【新建填充图层】命令,在弹出的子菜单中可选择新建的图层类型,如图3-12所示,或单击"图层"面板底部的"创建新的填充或调整图层"按钮 ,在弹出的下拉列表框中同样可以选择对应的填充图层,如图3-13所示。创建填充图层后,"图层"面板中的填充图层都自动带有一个图层蒙版,图3-14所示为新建"绿色~透明"渐变填充图层的效果。

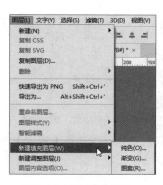

图3-12 通过命令新建填充图层

图3-13 通过按钮新建填充图层

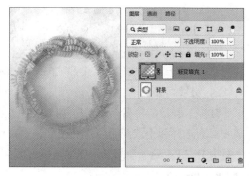

图3-14 新建"绿色~透明"渐变填充图层的效果

提示

新建填充图层后,在"图层"面板中双击填充图层的"预览图",在打开的相应对话框中可重新调整纯色、渐变或图案。

3.1.3 调整图层顺序

在"图层"面板中,图层是按创建的先后顺序堆叠在一起的,上面图层中的内容会遮盖下面图层中的内容,此时可将上面图层移动到下面图层的下方,使下面图层变为可见。调整图层顺序可直接在"图层"面板中拖曳图层；也可以选择要移动的图层，选择【图层】/【排列】命令，在弹出的子菜单中选择需要的命令，如图3-15所示。

图3-15 移动图层顺序

3.1.4 锁定与链接图层

为了方便管理图层中的对象，用户可以锁定图层，以限制对某些图层的操作；如果想对多个图层执行相同的操作，如移动、缩放等，可以先链接这些图层，再进行操作。

1. 锁定图层

Photoshop提供的锁定图层的方式有锁定透明像素、锁定图像像素、锁定位置、锁定全部等。需要锁定时只需在"图层"面板中单击相应的按钮。

- 锁定透明像素：单击"锁定透明像素"按钮■，用户只能对图层的图像区域进行编辑，而不能对透明区域进行编辑。
- 锁定图像像素：单击"锁定图像像素"按钮✔，用户只能对图像进行移动、变形等操作，而不能对图像使用画笔、橡皮擦、滤镜等工具。
- 锁定位置：单击"锁定位置"按钮✦，图层将不能被移动。将图像移动到指定位置并锁定图层位置后，可防止图像的位置发生改变。
- 防止在画板和画框内外自动嵌套：单击"防止在画板和画框内外自动嵌套"按钮▣后，当将画板内的图层或图层组移动出画板的边缘时，被移动的图层或图层组将不会脱离画板。
- 锁定全部：单击"锁定全部"按钮🔒，该图层的透明像素、图像像素、位置都将被锁定。

2. 链接图层

链接图层是指将多个图层链接成一组，可以同时对链接的多个图层进行移动、变换和复制操作。其方法为选择两个或两个以上的图层，在"图层"面板上单击"链接图层"按钮🔗或选择【图层】/【链接图层】命令，将所选的图层链接起来。

3.1.5 合并图层

合并图层是指将两个或两个以上的图层合并到一个图层上。处理完较复杂的图像后，一般都会产生大量的图层，从而使图像文件变大，系统处理速度变慢。这时可根据需要对图层进行合并，以减少图层的数量。合并图层主要有以下3种方法。

- 合并图层：在"图层"面板中选择两个或两个以上要合并的图层，选择【图层】/【合并图层】命令，或按【Ctrl+E】组合键。
- 合并可见图层：选择【图层】/【合并可见图层】命令或按【Shift+Ctrl+E】组合键，该操作不合并隐藏的图层。
- 拼合图像：选择【图层】/【拼合图像】命令，可合并"图层"面板中所有可见图层，并打开对话框询问是否丢弃隐藏的图层，同时以白色填充所有透明区域。

3.1.6　课堂案例——制作网店首页"新品推荐"模块

案例说明：某原创家具品牌最近准备上架一批新品，需要重新制作网店首页中的"新品推荐"模块，以展示新品的信息。为了节省时间，快速上架产品，可以直接在提供的"新品推荐"素材文件中直接替换产品图片。完成后的参考效果如图3-16所示。

知识要点：智能对象图层；对齐与分布图层；图层组；盖印图层。

素材位置：素材\第3章\新品推荐素材

效果位置：效果\第3章\新品推荐.psd

高清彩图

图3-16　参考效果

制作网店首页"新品推荐"模块的具体操作步骤如下。

步骤 01 打开"新品推荐.psd"素材，在"图层"面板中双击"商品素材1"图层左侧的智能对象图标 ，打开"商品素材1"文件，在该文件中置入素材文件夹中的"1.png"素材，按【Enter】键确认置入后按【Ctrl+S】组合键保存。

步骤 02 关闭"商品素材1"文件，进入"新品推荐.psd"文件，可发现"商品素材1"图层中的画面已经被自动更换，使用相同的方法依次替换"商品素材2"～"商品素材6"图层中的素材，替换素材的效果如图3-17所示。

视频教学：
制作网店首页
"新品推荐"
模块

步骤 03 选择"新品推荐"图层、"背景"图层和文本图层，在工具属性栏中单击"水平居中对齐"按钮 ，使文字素材在图像中水平居中，如图3-18所示。

图3-17　替换素材的效果

图3-18　水平居中对齐图层

步骤 04 在"图层"面板中单击"商品素材4""商品素材5""商品素材6"图层前的 图标，隐藏这3个图层。将"商品素材1"图层移动至左上位置，选择"商品素材1""商品素材2""商品素材3"3个图层，在工具属性栏中单击"顶对齐"按钮 ，顶对齐图层的效果如图3-19所示。

步骤 05 向右移动"商品素材3"图层至靠右位置，注意在移动时要与"商品素材1"图层在同一水平线上（根据图中自动出现的辅助线来确定水平位置），如图3-20所示。再次选择"商品素材1""商品素材2""商品素材3"3个图层，然后向下移动，与标题保持一定的距离。

步骤 06 选择"商品素材1""商品素材2""商品素材3"3个图层，在工具属性栏中单击"水平分布"按钮，水平分布对齐图层的效果如图3-21所示。

步骤 07 在"图层"面板中单击"商品素材4""商品素材5""商品素材6"图层前的图标，显示这3个图层。移动"商品素材4"图层至左下位置，并与"商品素材1"图层左对齐，然后调整"商品素材6"图层和"商品素材3"图层右对齐，"商品素材5"图层和"商品素材2"图层居中对齐，如图3-22所示。

图3-19　顶对齐图层的效果

图3-20　移动"商品素材3"图层

图3-21　水平分布对齐图层的效果

图3-22　调整图层位置

步骤 08 在"图层"面板中选择"商品素材1"～"商品素材6"图层，将其向上移动到合适距离，按【Ctrl+G】组合键从图层创建图层组，双击图层组名称，使其呈可编辑状态，输入"图片"文字，最后按【Enter】键，如图3-23所示。

步骤 09 将"更多宝贝>>"图层移动到画面右下角，然后按【Shift+Ctrl+Alt+E】组合键盖印图层，在保留所有图层的基础上将所有图层拼合为一个图层，然后将盖印图层名称修改为"效果"，如图3-24所示。

步骤 10 查看最终效果，如图3-25所示，然后按【Ctrl+S】组合键保存文件。

图3-23　新建图层组

图3-24　盖印图层

图3-25　查看最终效果

3.1.7 对齐与分布图层

在调整图层的过程中，可通过对齐与分布图层快速调整图层内容，以实现图像间的精确移动。

1. 对齐图层

若要将多个图层中的图像内容对齐，可使用"移动工具" ⊕ 选择需要对齐的图层（2个以上），然后选择【图层】/【对齐】命令，在弹出的子菜单中选择相应的对齐命令进行对齐。需要注意的是，如果所选图层与其他图层链接，则可以对齐与之链接的所有图层。

2. 分布图层

若要让更多的图层采用一定的规律均匀分布，则可使用"移动工具" ⊕ 选择需要分布的图层（3个以上），然后选择【图层】/【分布】命令，在弹出的子菜单中选择相应的分布命令。

对齐与分布图层时，也可在"移动工具" ⊕ 的工具属性栏中，通过单击 ⊫ ⊥ ⊣ ≡ ⊤ ⊪ ⊥ ‖ 按钮组中相应的按钮来进行操作，或在按钮组后单击"对齐与分布"按钮 ⋯ ，在打开的下拉列表中选择更多的分布按钮和对齐按钮，如图3-26所示。

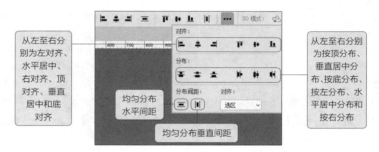

图3-26 单击"对齐与分布"按钮

3.1.8 图层组的使用

当图层的数量较多时，可新建图层组来进行管理，将具有同一属性的图层归类，从而能够方便、快速地找到需要的图层。图层组以文件夹的形式显示，可以像普通图层一样执行移动、复制、链接等操作。

1. 新建图层组

新建图层组有两种方法：一种是新建空白图层组，然后将需要的图层移动到图层组中；另一种是从所选图层新建图层组，可快速将多个图层新建在一个图层组内。

- 新建空白图层组：选择【图层】/【新建】/【组】命令，打开"新建组"对话框，如图3-27所示。在该对话框中可以分别设置图层组的名称、颜色、模式、不透明度，单击 确定 按钮，在"图层"面板中创建一个空白的图层组。或直接在"图层"面板中单击面板底部的"创建新组"按钮 ▭ ，可快速新建一个空白图层组，如图3-28所示。
- 从所选图层新建图层组：先选择需要的图层，然后选择【图层】/【图层编组】命令，或按【Ctrl+G】组合键进行编组；或在选择图层后，选择【图层】/【新建】/【从图层建立组】命令，打开"从图层新建组"对话框，如图3-29所示，在其中设置图层组的名称、颜色、模式、不透明度等属性，单击 确定 按钮，可将所选图层添加在设置了特定属性的图层组内。

图3-27 "新建组"对话框　　　图3-28 新建空白图层组　　　图3-29 "从图层新建组"对话框

🔔 提示

新建图层组后，在图层组内还可以继续新建新的图层组，这种多级结构的图层组称为嵌套图层组，便于对图层组进行管理。

2. 将图层移入或移出图层组

创建图层组后，将一个图层拖入图层组中，可将其添加到该图层组中。而将一个图层拖出所在图层组，则可将其从该图层组中移出。

🔔 提示

新建图层组后，可单击图层组前面的图标 ，可展开或者折叠图层组。若要取消图层编组，可以选择该图层组，选择【图层】/【取消图层编组】命令，或按【Shift+Ctrl+G】组合键。

3.1.9 盖印图层

盖印图层是比较特殊的图层合并方法，可将多个图层的内容合并到一个新的图层中，同时保留原来的图层不变。盖印图层的操作主要有以下3种。

- 向下盖印：选择一个图层，按【Ctrl+Alt+E】组合键，可将该图层盖印到下面的图层中，原图层保持不变。
- 盖印多个图层：选择多个图层，按【Ctrl+Alt+E】组合键，可将选择的图层盖印到一个新的图层中，原图层中的内容保持不变。
- 盖印可见图层：按【Shift+Ctrl+Alt+E】组合键，可将所有可见图层中的图像盖印到一个新的图层中，原图层保持不变。

3.1.10 使用智能对象图层

智能对象图层是一种包含栅格或矢量图像（如PSD或AI文件）中的图像数据的图层，使用智能对象图层可以保留图像的原内容及所有原始数据，不会对原始数据造成任何影响。如对智能对象图层进行放大、缩小、扭曲等变换操作，不会降低图层品质，影响图层的清晰度。在Photoshop中，可以将文件、图层中的对象、Illustrator创建的矢量图形或文件等对象创建为智能对象图层。创建智能对象图层主要有以下3种方式。

- 转换为智能对象图层：选择【图层】/【智能对象】/【转换为智能对象】命令，可将选择的图层转换为智能对象图层，且该图层的缩略图右下角将出现智能对象图标■，如图3-30所示。
- 打开为智能对象图层：选择【文件】/【打开为智能对象】命令，可选择将文件作为智能对象图层打开。
- 使用置入文件创建：选择【文件】/【置入嵌入对象】命令，可选择把文件置入图像中，该文件将为智能对象图层。

图3-30　智能对象图层

疑难解答

当编辑智能对象图层时，为什么会显示编辑内容不可再用的提示框？

　　对智能对象不能直接进行编辑，需要先进行栅格化操作将其转换为普通图层。其方法为在"图层"面板中选择智能对象图层后，选择【图层】/【智能对象】/【栅格化】命令。另外，使用该操作也可将文字、形状、矢量蒙版等矢量图层转化为普通图层，方便进行编辑。

技能提升

　　图3-31所示为某企业企业宣传册封面图，请结合本小节所讲述的知识，分析该封面图并进行练习。

　　（1）宣传册封面图中间的6个部分分别对应6个图层，要实现图3-31中的效果，需要应用图层的哪些操作？

高清彩图

　　（2）尝试利用提供的素材（素材位置：素材\第3章\画册封面）设计一个画册封面，从而举一反三，促进思维的拓展与能力的增强。

效果示例

图3-31　某企业宣传册封面图

3.2 添加与编辑文字

在Photoshop中进行平面设计时，除进行图层的基本操作外，还可在画面中添加与编辑文字。文字不但能够强化主题、明确主旨，还能丰富画面内容，增加画面的艺术效果。

3.2.1 课堂案例——制作企业招聘海报

案例说明： 某企业为了业务需要，想要尽快招聘一批优秀人才，为了吸引更多求职者前来应聘，需要制作一张企业招聘海报，要求海报尺寸为60厘米×80厘米，美观、招聘信息醒目，参考效果如图3-32所示。

知识要点： 文字的添加；字符和段落样式的设置。

素材位置： 素材\第3章\背景.png、招聘素材.psd

效果位置： 效果\第3章\企业招聘海报.psd

图3-32 参考效果

高清彩图

设计素养

企业招聘海报的目的是吸引目标用户——求职者，这就要求招聘海报的整体版面必须美观、醒目，同时还要对招聘岗位的职责、要求等要点进行简短、有力的文字描述。

制作企业招聘海报的具体操作步骤如下。

步骤 01 新建一个尺寸为"60厘米×80厘米"、分辨率为"72像素/英寸"颜色模式为"RGB颜色"、名称为"企业招聘海报"的文件。

步骤 02 选择【文件】/【置入嵌入对象】命令，打开"置入嵌入的对象"对话框，双击"背景.png"置入图像，按【Enter】键确认置入。

步骤 03 在"图层"面板中选择两个"背景"图层，单击鼠标右键，在弹出的快捷菜单中选择"合并图层"命令。

步骤 04 选择"横排文字工具" T，在工具属性栏中设置字体为"方正汉真广标"、字体大小为"277点"、颜色为"#d26128"，如图3-33所示。

视频教学：制作企业招聘海报

图3-33 设置文字格式

步骤 05 在图像编辑区单击鼠标左键，插入光标，在光标处输入"我们"文字，然后按【Enter】键换行，再次输入"等你来"文字。此时"图层"面板中将会出现一个文本图层，如图3-34所示。

步骤 06 保持文本输入状态，选择"等你来"文字，在工具属性栏中设置字体大小为"339点"。

步骤 07 按【Ctrl+A】组合键，在图层编辑区中选中所有文字，在工具属性栏中单击"切换字符和段落"按钮 ▤，或选择【窗口】/【字符】命令，打开"字符"面板，设置间距为"307点"。单击"段落"，打开"段落"面板，在其中单击"左对齐文本"按钮 ▤，如图3-35所示。

图3-34 输入文字

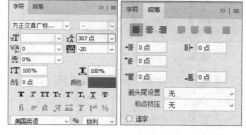

图3-35 调整字符和段落

步骤 08 设置完成后，在工具属性栏中单击"提交"按钮 ✔（或直接在"图层"面板中单击任意空白处）退出文字编辑状态，然后在图像编辑区中将文字移动到合适位置，如图3-36所示。

步骤 09 选择文本图层，按【Ctrl+J】组合键复制，然后选择复制的文本图层中的文字，在工具属性栏中设置文字颜色为"白色"，然后适当将复制的文字向左上方移动，如图3-37所示。

步骤 10 将两个文本图层链接，然后打开"招聘素材.psd"素材，在"图层"面板中选择所有图层，按【Ctrl+C】组合键复制，返回"企业招聘海报"文件，按【Ctrl+V】组合键粘贴，调整这两个图层到合适位置，如图3-38所示。

图3-36 移动文字

图3-37 复制图层并调整位置

图3-38 添加素材

步骤 11 选择"横排文字工具" T.，在工具属性栏中设置字体为"方正兰亭准黑_GBK"、字体大小为"52点"、颜色为"白色"，在"副标题"图层上方输入文字内容，如图3-39所示。

步骤 12 在工具属性栏中修改字体为"方正兰亭中粗黑_GBK"，在"标题"图层上方输入"平面设计师"文字。退出文本编辑状态，将鼠标指针移动到"标题"图层的白色区域左上角，按住鼠标左键向右下脚拖动创建文本框，然后在工具属性栏中设置字体为"方正兰亭准黑_GBK"、字号为"38"、颜色为"黑色"，输入段落文字，如图3-40所示。

步骤 13 选择步骤12中创建的两个文本图层和"标题"图层，按住【Alt】键，在图像编辑区中将鼠标指针移动到步骤12所输入的文字上，然后按住鼠标左键向下拖曳，复制文字和标题，修改文字内容，如图3-41所示。

图3-39　输入文字

图3-40　输入段落文字

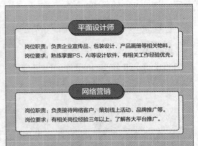

图3-41　复制并修改文字

步骤 14 选择"直排文字工具" IT，在工具属性栏中设置字体为"方正兰亭准黑_GBK"、字体大小为"60点"，字符间距为"380"，如图3-42所示。

步骤 15 在"我们等你来"文字右侧单击鼠标左键插入光标，输入"寻找与众不同的你"文字。完成后查看最终效果，如图3-43所示，按【Ctrl+S】组合键保存文件。

图3-42　设置字符

图3-43　查看最终效果

3.2.2 使用文字工具组

若要在平面设计作品中添加合适的文字，就需要使用Photoshop中的文字工具组。使用前，可先认识文字工具组，然后利用文字工具组中的4种文字工具在图像中添加不同类型的文字，以达到需要的设计效果。

1. 认识文字工具组

使用不同的文字工具可以输入不同类型的文字，若要熟练使用不同文字工具，首先需要认识文字工具组。

- 横排文字工具/直排文字工具：选择"横排文字工具" T 或"直排文字工具" IT，可在图像中输入水平或垂直文字并建立新的文本图层，如图3-44所示。

● 直排文字蒙版工具/横排文字蒙版工具：选择"直排文字蒙版工具" 或"横排文字蒙版工具" ，可在图像中创建垂直或水平文字形状的选区，但在"图层"面板中不会建立新的图层，如图3-45所示。

图3-44 输入横排文字和直排文字　　　　　　　图3-45 创建直排文字选区和横排文字选区

2．添加文字

在Photoshop中，用户可使用文字工具直接在图像中添加点文本，如果需要输入的文字较多，可以选择创建段落文本。

● 点文本：在选择文字工具后，在图像编辑区中单击任意位置，插入光标并输入文字，常用于输入少量文本的情形。

● 段落文本：在选择文字工具后，按住鼠标左键不放并拖曳以创建文本框并输入文字，当文字内容接近文本框边界时，会自动换行，常用于输入大量多段文字的情形，如图3-46所示。若绘制的文本框不能完全显示文字，可通过拖曳文本框四周的控制点来调整文本框的尺寸，从而使文字完全显示。

图3-46 创建段落文本

🔔 提示

　　若要将点文本转换为段落文本，或将段落文本转换为点文本，可选择需要转换的文字图层，在其上单击鼠标右键，在弹出的快捷菜单中选择"转换为段落文本"命令或"转换为点文本"命令。

3.2.3　设置字符和段落样式

为了得到更好的文字效果，可在文字工具的工具属性栏中对字体、字形、字号、文本对齐方式等文字格式进行设置，若要进行更加详细的设置，可通过"字符"面板和"段落"面板进行操作。选择文字工具后，单击工具属性栏中的"切换字符和段落"按钮 ，可打开"字符"面板，如图3-47所示，在

"字符"面板中单击"段落"可打开"段落"面板，如图3-48所示。

图3-49所示为设置文字字符和段落样式的前后对比效果。

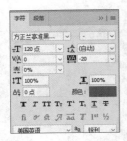   

图 3-47 "字符"面板　　　图 3-48 "段落"面板　　　图 3-49 设置文字字符和段落样式的前后对比效果

🔗 资源链接

在"字符"面板中设置文字的字体样式，可使输入的文字更具规范性，在"段落"面板中排版文字，可使文字的展现更符合设计要求，"字符"面板和"段落"面板中主要选项的作用详解，可扫描右侧的二维码查看详细内容。

扫码看详情

3.2.4　课堂案例——制作甜品店招贴

案例说明：某甜品店最近上新了一款甜品，因此需要制作张贴在店铺内的招贴广告，以吸引消费者了解和购买新品。要求使用提供的甜品素材，制作一张尺寸为1969像素×2756像素，且图文结合、画面美观的招贴，参考效果如图3-50所示。

高清彩图

知识要点：创建变形文字和路径文字。

素材位置：素材\第3章\甜品店招贴背景.png、冰淇淋.png

效果位置：效果\第3章\甜品店招贴.psd

制作甜品店招贴的具体操作步骤如下。

步骤 01 新建一个尺寸为"1969像素×2756像素"、分辨率为"300像素/英寸"、颜色模式为"RGB颜色"、名称为"甜品店招贴"的文件。

步骤 02 在新建的文件中置入"甜品店招贴背景.png"素材和"冰淇淋.png"素材，并调整至合适的尺寸与位置，如图3-51所示。

图 3-50 参考效果

步骤 03 选择"横排文字工具" T，在图像编辑区下方输入"美味 夏"文字，打开"字符"面板，设置字体为"汉仪大黑简"、字体大小为"70点"、字距为"150"、颜色为"#0273c1"，单击"仿粗体"按钮 T，如图3-52所示。

步骤 04 按住【Ctrl】键，将鼠标指针移动到"图层"面板中文本图层缩览图处，单击鼠标左键载入文字选区，如图3-53所示。

视频教学：
制作甜品店招贴

图 3-51 添加并调整素材　　　图 3-52 设置文字字符　　　图 3-53 载入文字选区

步骤 05 选择【选择】/【修改】/【扩展】命令，打开"扩展选区"对话框，设置扩展量为"10"，单击 确定 按钮。

步骤 06 在"图层"面板底部单击"创建新图层"按钮 新建图层，选择【编辑】/【描边】命令，打开"描边"对话框，设置宽度为"20像素"、颜色为"白色"、位置为"居中"，如图3-54所示，使文字更加突出，单击 确定 按钮返回图像编辑区。

步骤 07 按【Ctrl+D】组合键取消选区，将"美味 夏"图层和"图层1"图层链接，将"冰淇淋"图层移动到所有图层最上方，提高画面的美观性，如图3-55所示。

步骤 08 选择"钢笔工具" ，在工具属性栏中设置工具模式为"路径"，沿着甜品图像上方绘制弧形路径作为文字路径。

步骤 09 选择"横排文字工具" ，将鼠标指针移至路径上，当指针形状变为 时单击鼠标左键，输入"夏日新风味"文字，在"字符"面板中设置字体大小为"43点"、字距为"120"、"夏""新""味"文字的颜色为"#ed410c"、"日""风"文字的颜色为"#0c4eba"，效果如图3-56所示。

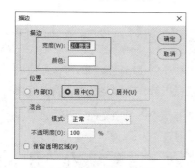

图3-54 设置文字选区描边　　　图3-55 移动图层顺序　　　图3-56 输入路径文字并设置
　　　　　　　　　　　　　　　　　　　　　　　　　　　　　　后的效果

步骤 10 继续使用"横排文字工具" 在"夏日新风味"文字左上方输入"酸奶风味的奶油和浓厚的果肉"文字，设置字体为"方正喵呜体"、字体大小为"15点"、行距为"20点"、字距为"-10"、颜色为"#0c4eba"，如图3-57所示。

步骤 11 在工具属性栏中单击"创建文字变形"按钮 ，打开"变形文字"对话框，在"样式"下拉列表中选择"扇形"选项，设置弯曲为"+16%"，单击 确定 按钮，如图3-58所示。

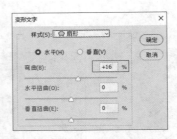

图3-57　设置文字格式　　　　　　图3-58　设置文字变形

步骤 12 适当旋转文字，使其弧度贴合下方"夏日"两字的弧度。完成后查看最终效果，如图3-59所示，按【Ctrl+S】组合键保存文件。

图3-59　查看最终效果

3.2.5　创建变形文字

在Photoshop中进行平面设计时，为了在传递画面信息的同时得到更加艺术化的效果，可以在画面中创建变形文字。其方法为选中要变形的文字，在文字工具的工具属性栏中单击"创建文字变形"按钮，打开"变形文字"对话框，在"样式"下拉列表中选择变形效果，还可通过对话框下方的参数调整变形效果。

3.2.6　创建路径文字

路径文字可以使文字沿着绘制的路径进行排列，能够使画面更加生动。创建路径文字的方法：使用形状工具或钢笔工具在图像中绘制一条路径，然后选择文字工具，将鼠标指针移动到路径中，当鼠标指针变成形状时单击鼠标左键，即可在路径上插入光标，如图3-60所示；输入文字内容后，文字将沿路径形状自动排列，如图3-61所示，输入完成后按【Ctrl+Enter】组合键确认。

图3-60　插入光标　　　　　　　　图3-61　输入路径文字

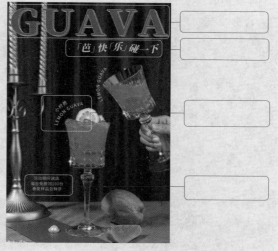

技能提升

图3-62所示为某奶茶店宣传海报，请结合本小节所讲述的知识，分析该海报并进行练习。

（1）海报框选部分的文字效果可以通过Photoshop的哪些功能实现？请填在对应的方框内。

（2）利用提供的素材（素材位置：素材\第3章\奶茶店海报素材），结合文字效果的相关知识点，重新对该海报进行设计，从而增强设计能力。

效果示例

图3-62　某奶茶店宣传海报

3.3 课堂实训

3.3.1 制作"古茗茶舍"招贴

1. 实训背景

茶文化是我国的传统文化之一，"古茗茶舍"是一家以销售茶产品、宣传茶文化为主的茶舍，最近该茶舍上新了一款新茶，需要在线下实体店中张贴宣传广告，以吸引消费者购买。因此要制作一个实体店招贴，要求该招贴尺寸为50厘米×70厘米，主题明确且展现出中国茶文化的魅力。

2. 实训思路

（1）风格定位。首先定位招贴的主场景风格，可以借助茶杯、茶壶、绿叶、雾气等素材体现缥缈的茶香、新茶的味美等，给人身临其境的感觉，使用户产生心理上的共鸣与联想，从而升华招贴的内涵并同时宣传茶文化，如图3-63所示。

（2）主题设计。制作招贴的原因是茶舍上新了新茶，因此，可以将招贴的主题确定为"新茶上市"，设计时可以将主题文字放在招贴的中间以进行重点展现，也可以将部分文字做变形处理，突出主题文字，如图3-64所示。

（3）文字设计。该招贴主要张贴在"古茗茶舍"实体店内，用于吸引用户视线和

高清彩图

关注，因此文字信息不宜过多，无须过多地描述茶叶的特点，而是通过精炼、简短的古韵语句体现喝茶的意境，并通过简短的文案介绍茶舍的联系信息。

本实训的参考效果如图3-65所示。

图3-63　展示素材　　　　　图3-64　展示主题　　　　　图3-65　参考效果

素材位置： 素材\第3章\招贴素材.psd

效果位置： 效果\第3章\"古茗茶舍"实体店招贴.psd

3. 步骤提示

步骤 01 新建尺寸为"50厘米×70厘米"、分辨率为"300像素/英寸"、颜色模式为"RGB颜色"、名称为"'古茗茶舍'实体店招贴"的文件，设置前景色为"#e9e3e0"，按【Alt+Delete】组合键填充前景色。

步骤 02 打开"招贴素材.psd"素材，将其中的水墨山脉、人物、小船、光晕等拖曳到图像中并调整尺寸和位置。

步骤 03 选择除"背景"图层外的所有图层，然后将其编组，并设置图层组名称为"背景装饰"。

步骤 04 将"招贴素材.psd"素材中的茶壶、茶杯拖曳到图像中，调整尺寸和位置。

视频教学：
制作"古茗茶舍"
招贴

步骤 05 重命名茶杯所在图层为"茶杯"，然后复制该图层，调整复制图层的位置和尺寸。

步骤 06 使用"直排文字工具" IT在画面中输入主题"新""茶""上市"，为文字设置书法类型的字体，并调整为不同的尺寸和位置，然后通过为"茶"文字添加"鱼眼"变形样式，突出招贴主题。

步骤 07 再次使用"直排文字工具" IT在主题文字右侧绘制文本框，然后输入段落文本，丰富画面信息，然后使用"横排文字工具" T.在画面左上角输入茶舍的联系信息。

步骤 08 将"招贴素材.psd"素材中的烟雾、树叶、印章、二维码拖动到图像中，调整尺寸和位置，保存图像并查看完成后的效果。

3.3.2　制作男鞋 Banner 广告

1. 实训背景

某男鞋品牌为了提高网店男鞋商品的销量，准备开展以"潮流文化节"为主题的营销活动，现需要制作一个尺寸为1200像素×500像素的男鞋Banner广告，要求广告内容简明、易懂，体现活动主题和商品卖点的同时具有创意性，带给消费者美的视觉感受，以提升商品的点击率、转化率。

2. 实训思路

（1）确定广告主题。通过实训背景来看，活动主题为"潮流文化节"，活动目的为提高商品销量。因此，这里可将广告的主题确定为"潮流文化新定义"，并同步展示商品。在设计时，可在男鞋Banner广告的第一视觉点上直观地展现出广告主题——"潮流文化新定义"和商品——男鞋，以及简单的商品信息，而对于品牌、活动等信息可减少展示或者不展示，使广告信息层次分明。

（2）明确字体方案。为了让男鞋Banner广告的信息展示便于消费者理解和接受，可设置广告主题的字体为"汉仪中黑简""方正大黑简体"等，这类字体具有浓厚的商业气息，并且显示效果较粗，比较容易突出广告主题；而其他文字可选择"方正兰亭刊黑_GBK""方正兰亭细黑简体"等较细的字体，在保证画面和谐统一的同时，更好地体现画面的层次，增加视觉设计的美感，如图3-66所示。

（3）结合创意展示卖点。将男鞋融入海洋、海岛等自然风景中，体现出男鞋舒适、透气的卖点，并通过多种素材的搭配组合，打造具有视觉吸引力的创意画面，让消费者在了解商品的同时，被画面吸引而产生浏览的兴趣，如图3-67所示。

（4）丰富广告效果。为了让男鞋Banner广告效果更加丰富、美观，在画面的整体效果完成后，还可以添加一些装饰元素，如光晕、飘带等。

图 3-66　体现画面层次感

图 3-67　展现画面创意性

本实训的参考效果如图3-68所示。

高清彩图

图 3-68　参考效果

素材位置： 素材\第3章\光晕.psd、飘带.png、男鞋Banner广告素材

效果位置： 效果\第3章\男鞋Banner广告.psd

3. 步骤提示

步骤 **01** 新建尺寸为"1200像素×500像素"、分辨率为"72像素/英寸"、颜色模式为"RGB颜色"、名称为"男鞋Banner广告"的图像文件，分别置入"背景.png""鞋子.png"素材，调整位置和尺寸，然后将两个背景图层合并。

视频教学：
制作男鞋
Banner广告

步骤 **02** 将"男鞋Banner广告素材"文件夹中的素材全部拖入当前编辑的文件中，并调整图层顺序、尺寸和位置。

步骤 **03** 将除"背景""鞋子"图层外的所有图层编组，设置图层组名称为"鞋子上的元素"，然后将"鞋子"图层和"鞋子上的元素"图层组锁定。

步骤 **04** 使用"横排文字工具" **T.** 在画面右侧输入文字内容，并设置不同的字体类型和字号。打开"光晕.psd"素材，将其中的"光晕"图层拖曳到"男鞋Banner广告"文件中，并将其移动到"潮流文化新定义"文字图层上方。

步骤 **05** 将"飘带.png"素材拖曳到当前编辑的文件中，调整素材尺寸和位置。选择钢笔工具 **Ø.**，在工具属性栏中设置工具模式为"路径"，在飘带上方绘制与飘带弧度相同的弧线作为路径。

步骤 **06** 选择"横排文字工具" **T.**，将鼠标指针移动到路径左侧，单击鼠标左键插入光标，输入"货到付款 全场包邮"文字，设置文字字体为"方正兰亭刊黑_GBK"、大小为"18点"、颜色为"白色"。

步骤 **07** 将"飘带"图层和"货到付款 全场包邮"文字图层链接，保存图像并查看完成后的效果。

3.4 课后练习

练习 1 制作婚纱 Banner 广告

某原创婚纱品牌需要制作Banner广告宣传一款新品，要求广告突出婚纱的外观，并且还要通过文案体现该婚纱的卖点、优惠折扣、活动时间等信息，以吸引消费者查看。制作时，可以综合利用图层的排列顺序、文字的添加等操作来达到想要的效果，制作完成后的参考效果如图3-69所示。

高清彩图

图3-69 参考效果（一）

素材位置： 素材\第3章\婚纱Banner广告素材.psd

效果位置： 效果\第3章\婚纱Banner广告.psd

练习 2 制作招聘广告

某国产童装品牌最近新开了一家线下店铺，因此需要设计一个招聘广告，以吸引优秀人才前来应聘，同时也能增强品牌影响力。制作时，可通过添加路径文字、变形文字、点文本、段落文本等来体现招聘信息，然后通过移动文字图层与素材图层的顺序使画面展现更加合理，参考效果如图3-70所示。

素材位置： 素材\第3章\招聘广告素材.psd

效果位置： 效果\第3章\招聘广告.psd

高清彩图

图3-70　参考效果（二）

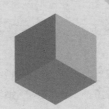

第4章

绘制图像

图像不但能使平面设计作品更加自然、生动，还能让画面更加美观。Photoshop常被用于绘制图像，用户可在其中使用画笔工具、铅笔工具等绘制简单图像，还可使用形状工具组、钢笔工具组等绘制矢量图形。

▌ 📖 学习目标

◎ 掌握绘制简单图像所用的工具和方法

◎ 掌握绘制矢量图形所用的工具和方法

▌ ◇ 素养目标

◎ 在构思和绘制图像的过程中锻炼创新思维，提高色彩搭配审美

◎ 培养手绘兴趣，提升绘图能力

▌ ◈ 案例展示

旅行网标志　　　　　励志插画

弥散光风格节气壁纸　　　　插画风格网站登录页

绘制简单图像

使用Photoshop绘制简单图像时，可以通过丰富的绘画工具，如画笔工具、铅笔工具等，实现不同的绘画效果。另外，在绘制过程中，还可以使用渐变工具和油漆桶工具等为图像上色。

4.1.1 课堂案例——设计弥散光风格节气壁纸

案例说明：二十四节气是我国物候变化、时令顺序的标志，客观地反映了季节更替和气候变化状况，它的形成和发展与我国农业生产的发展紧密相连。为了让更多人关注二十四节气的相关知识，弘扬传统文化，某手机品牌决定设计节气壁纸，要求尺寸为1125像素×2436像素，符合当下的流行设计趋势，因此可采用新颖的弥散光风格，参考效果如图4-1所示。

知识要点：渐变工具；画笔工具。

素材位置：素材\第4章\春分

效果位置：效果\第4章\弥散光风格节气壁纸.psd

高清彩图

图4-1 参考效果

设计素养

弥散光风格主要是指通过色彩渐变模糊，形成虚实结合的有色光感效果，具有简约、大气、虚幻的特点。与简单的色彩渐变不同，弥散光风格在自然的渐变上增添了一些虚实变化，且颜色边缘保留了一些较为清晰的轮廓，整体更具动感与变化层次。弥散光风格可以引导视线聚焦和营造氛围感，通过其自身弥散漫开的光感，将图像上的信息与周围环境区分开，形成视觉焦点，并通过细腻的色彩过渡，使整体氛围更为柔和。

设计弥散光风格节气壁纸的具体操作步骤如下。

步骤 01 按【Ctrl+N】组合键打开"新建文档"对话框，单击"移动设备"，选择"iPhone X"选项，设置名称为"弥散光风格节气壁纸"后单击 创建 按钮。

步骤 02 选择"渐变工具" ，在工具属性栏中单击 按钮，打开"渐变"拾色器下拉列表，展开"绿色"文件夹，选择"绿色_04"选项，如图4-2所示。在画板顶部按住鼠标左键不放，拖曳至画板底部后释放鼠标左键，填充渐变颜色。

视频教学：
设计弥散光风格
节气壁纸

步骤 03 设置前景色为"#fbd0ca",新建图层,选择"画笔工具" ✎,在工具属性栏中设置笔尖样式、大小、流量分别为"柔边圆""1000像素""30%",在图像编辑区中连续单击鼠标左键,绘制出图4-3所示的效果。

步骤 04 更改前景色为"#fadfc2",新建图层,在图像编辑区中央、右下角、左上方绘制;更改前景色为"#e7faff",新建图层,在图像编辑区右上角、底部中央绘制,如图4-4所示。

步骤 05 新建图层,在工具属性栏中设置笔尖样式、大小分别为"硬边圆""600像素",在图像编辑区中单击鼠标左键绘制多个圆形,在此过程中可适当缩小画笔。然后选择"橡皮擦工具" ✎,在工具属性栏中设置笔尖样式、大小分别为"柔边圆""600像素",在图像编辑区中适当擦除部分圆形的边缘,如图4-5所示。

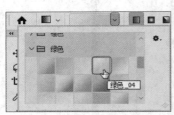

图4-2 选择渐变颜色　　图4-3 绘制粉色圆　图4-4 绘制颜色　图4-5 擦除边缘

步骤 06 选择步骤3新建的图层,选择"画笔工具" ✎,在工具属性栏中更改笔尖样式、大小、流量分别为"Kyle的概念画笔-树叶混合2""700像素""38%",在图像编辑区左上角单击鼠标左键进行绘制。然后选择步骤4中新建的第一个图层,在图像编辑区右下角拖曳鼠标指针进行绘制,如图4-6所示。

步骤 07 背景绘制完毕后,需要添加与节气相关的图像,依次置入"绿叶.png""花朵.png"素材,调整素材的尺寸和位置,在"图层"面板中分别设置图层混合模式为"叠加""颜色",效果如图4-7所示。

步骤 08 打开"文字.psd"素材,将其中所有内容拖入"弥散光风格节气壁纸"文件中,调整文字的尺寸和位置,如图4-8所示。按【Ctrl+S】组合键保存文件。

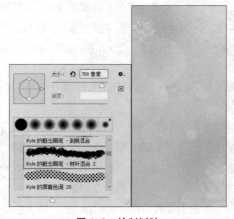

图4-6 绘制树叶　　　　　　图4-7 添加图像　　图4-8 添加文字

4.1.2 画笔工具和铅笔工具

运用传统方式绘画时，每一个画种都有专用的工具，以及特殊纸张和颜料。而使用Photoshop绘画只需选择一个工具（如画笔工具、铅笔工具），通过为工具设置不同的笔尖样式，就可以表现出铅笔、炭笔、水彩笔、油画笔等不同笔触效果，以及颜色晕染、颜料颗粒、纸张纹理等不同细节。

1. 画笔工具

"画笔工具" 常用来绘制边缘较柔和的线条和形状。选择"画笔工具"，即可在工具属性栏显示出相关画笔属性，如图4-9所示。

图4-9 "画笔工具"的工具属性栏

- **"画笔预设"选取器**：单击 按钮，可打开"画笔预设"选取器下拉列表，设置笔尖、画笔大小和硬度等。单击该下拉列表右上角的 按钮，可在打开的下拉列表中选择"导入画笔""删除画笔""重命名画笔""旧版画笔"等选项，进行更多的画笔编辑操作。
- **切换"画笔设置"面板**：单击 按钮，可切换到"画笔设置"面板设置更加详尽的画笔参数。
- **模式**：用于设置画笔工具对当前图像中像素的作用形式，即当前使用的绘图颜色与原有底色混合的模式。
- **不透明度**：用于设置画笔颜色的不透明度，该数值越大，不透明度越高。单击其右侧的下拉按钮 ，在弹出的滑动条上拖曳滑块也可调整不透明度。
- **绘图板压力控制**：单击 或 按钮，使用绘图板绘图时，光笔压力可分别覆盖"画笔设置"面板中的不透明度和大小设置。
- **流量**：用于设置绘制时颜色的压力程度，该数值越大，画笔笔触越浓。
- **喷枪工具**：单击 按钮可以启用喷枪工具进行绘图。
- **平滑**：用于智能平滑画笔笔迹，该数值越大，智能平滑量就越大。单击该参数右侧的 按钮，可在打开的下拉列表中设置平滑模式。

疑难解答

设置不了"平滑"参数，该文本框处于禁用状态怎么办？

在"画笔工具" 工具属性栏中单击 按钮，打开"画笔设置"面板，单击选中"平滑"复选框，即可启用工具属性栏中的"平滑"功能。若"画笔设置"面板中的"平滑"复选框呈灰色状态，无法被单击选中，则表示 Photoshop 无法平滑用户选择的画笔笔尖样式，用户可考虑更换画笔笔尖样式。

- **角度**：在"角度"文本框 中输入数值，可调整画笔笔尖形状的角度。
- **设置绘画的对称选项**：用于设置对称线，以便更加轻松地绘制对称图像。单击 按钮，在打开的下拉列表中可以选择对称线类型。

资源链接

Photoshop中的画笔可根据需求在"画笔设置"面板和"画笔"面板中更改样式属性设置，以满足设计需求。选择【窗口】/【画笔设置】命令，或按【F5】键可打开"画笔设置"面板或"画笔"面板，对于这些面板中的参数详解可扫描右侧的二维码，查看详细内容。

扫码看详情

2. 铅笔工具

"铅笔工具" ✐ 与"画笔工具" ✐ 的作用都是绘制图像，其使用方法和工具属性栏都与"画笔工具" ✐ 的相似，但增加了一个"自动抹除"复选框，单击选中该复选框后，将鼠标指针的中心放在包含前景色的区域上，可将该区域涂为背景色。如果鼠标指针放置的区域不包括前景色区域，则将该区域涂成前景色。

4.1.3 渐变工具

使用Photoshop的渐变工具可以为整幅图像或为整个选区填充渐变颜色，使其颜色效果更为丰富。

1. 渐变工具

选择"渐变工具" ■，在工具属性栏中可设置渐变类型、颜色和混合模式等，如图4-10所示。

图4-10 "渐变工具"的工具属性栏

- **编辑渐变**：用于显示当前选择的渐变颜色。单击▾按钮，将打开"渐变"拾色器下拉列表，可选择预设好的渐变颜色。单击渐变颜色条，将打开"渐变编辑器"对话框，可在其中自定义渐变颜色。
- **渐变样式**：用于设置绘制渐变的样式。单击"线性渐变"按钮■，可绘制以直线为起点和终点的渐变；单击"径向渐变"按钮■，可绘制以径向方式从起点到终点的渐变；单击"角度渐变"按钮■，可创建逆时针方向旋转的渐变；单击"对称渐变"按钮■，可创建从起点两侧开始镜像的匀称线性渐变；单击"菱形渐变"按钮■，可创建以菱形方式从起点到终点的渐变。
- **模式**：用于设置渐变颜色的混合模式。
- **不透明度**：用于设置渐变颜色的不透明度。
- **反向**：单击选中"反向"复选框，将改变渐变颜色的颜色顺序。
- **仿色**：单击选中"仿色"复选框，可使渐变颜色的过渡更加自然。
- **透明区域**：单击选中"透明区域"复选框，可以创建包含透明像素的渐变。
- **方法**：在该下拉列表中可选择渐变填充的方法，包括线性、古典、可感知3种（见图4-11），可使渐变效果更准确、更便于控制。

图4-11 3种渐变方法的效果

2. 渐变编辑器

设置图像的渐变效果后，还可在"渐变编辑器"对话框中更改和编辑渐变颜色。在"渐变工具"  的工具属性栏中单击渐变颜色条，将打开"渐变编辑器"对话框，如图4-12所示。

图 4-12 "渐变编辑器"对话框

- **预设**：用于显示Photoshop预设的渐变颜色。单击 ✿ 按钮，在打开的下拉列表中可选择预设渐变颜色的显示方式。
- **名称**：用于显示当前渐变颜色的名称。
- **渐变类型**：用于设置渐变的类型，分为"实底"和"杂色"两种方式。其中"实底"是默认的渐变效果；"杂色"包含指定范围内随机分布的颜色，可使颜色变化更加丰富。
- **平滑度**：用于设置渐变颜色的平滑程度。
- **不透明度色标**：拖曳不透明度色标可以调整不透明度在渐变上的位置。在"色标"栏中可精确设置不透明度色标的不透明度和位置。
- **不透明度中点**：用于设置当前不透明度色标的中心点位置。
- **色标**：拖曳色标可以调整颜色在渐变上的位置。在"色标"栏中可精确设置色标的位置和颜色。
- **色标中点**：用于设置两个色标的中心点位置。
- **删除**：单击 删除(D) 按钮，可删除不透明度色标或色标。

4.1.4 油漆桶工具

"油漆桶工具" 🪣 用于在选区或图层中填充颜色或图案，常用于制作背景或更换选区内容，其工具属性栏如图4-13所示。

图4-13 "油漆桶工具"的工具属性栏

- 填充区域的源：用于设置图像的填充内容，包括"前景"和"图案"两个选项。当选择"图案"选项时，可在右侧的下拉列表中设置具体图案。
- 模式：用于设置填充内容的混合模式。
- 不透明度：用于设置填充内容的不透明度。
- 容差：用于设置填充的像素范围，该数值越大，填充面积越大。
- 消除锯齿：单击选中该复选框，可平滑填充选区的边缘。
- 连续的：单击选中该复选框，将只填充与鼠标单击位置相邻的像素。
- 所有图层：单击选中该复选框，可以填充所有可见图层中相似的颜色区域。

技能提升

图4-14所示为"立秋"节气海报，请结合本小节所讲述的知识，分析该海报并进行练习。

高清彩图

（1）该海报是如何针对主题来设计图像的？使用Photoshop的哪些功能能够更便于完成设计？

_____

_____

（2）尝试利用提供的素材（素材位置：素材\第4章\节气海报）设计一个节气海报，从而举一反三，促进思维的拓展与能力的增强。

效果示例

图4-14 "立秋"节气海报

4.2
绘制与编辑矢量图形

在Photoshop中，使用矢量绘图工具绘制的路径、形状均为矢量图形，这是一种无损压缩的图像，常用于插画、网页、视觉识别系统（Visual Identity，VI）、用户界面（User Interface，UI）等设计中。绘制矢量图形时，大多都使用形状工具组和钢笔工具组来完成。

4.2.1 课堂案例——设计励志插画

案例说明： 为了宣传我国学生勇于探究的核心素养，培养不畏困难、坚持不懈的探索精神，现某校准备设计一幅励志插画，要求尺寸为20厘米×20厘米，插画图像要能表达出勇于探究的核心素养，参考效果如图4-15所示。

    知识要点：矩形工具；三角形工具；椭圆工具。

    素材位置：素材\第4章\人.png

    效果位置：效果\第4章\励志插画.psd

设计励志插画的具体操作步骤如下。

图4-15　参考效果

步骤 01 新建尺寸为"20厘米×20厘米"、分辨率为"300像素/英寸"、颜色模式为"RGB颜色"、名称为"励志插画"的文件。

步骤 02 选择"矩形工具" ▢，在工具属性栏中单击"描边"色块，在打开的下拉列表中单击"无"按钮 ▨ 取消描边；单击"填充"色块，在打开的下拉列表中单击"渐变"按钮 ▨，设置渐变颜色、渐变样式、角度分别为"#ffffff～#6ad4cd～#57b9b3""径向""90"，如图4-16所示。然后在图像编辑区左上角单击并按住鼠标左键不放，拖曳鼠标指针至图像编辑区右下角后释放鼠标左键，绘制一个与画布等大的矩形，代表天空。

视频教学：
设计励志插画

步骤 03 在工具属性栏中修改填充颜色为"#dd8968"，在图像编辑区底部绘制与画布等宽的矩形，代表大地，如图4-17所示。

步骤 04 选择"三角形工具" △，在工具属性栏中取消描边，设置填充颜色、渐变样式、角度、圆角半径分别为"#be664a～#dd8968""线性""90""30像素"，在图像编辑区底部绘制图4-18所示的圆角三角形，代表道路。

图4-16　设置渐变

图4-17　绘制矩形

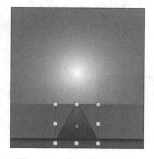

图4-18　绘制圆角三角形

步骤 05 在工具属性栏中修改填充颜色、圆角半径分别为"#2ec2b9～透明""0像素"，在棕色矩形上方绘制三角形，代表高山。然后置入"人.png"素材，调整其尺寸和位置，如图4-19所示。

步骤 06 选择"椭圆工具" ⬭，在工具属性栏中设置填充颜色、描边颜色、描边宽度分别为"#e9f463""#ffffff""5像素"，在山顶按住【Shift】键绘制一个圆形，代表太阳，如图4-20所示。

步骤 07 选择【滤镜】/【模糊】/【高斯模糊】命令，在打开的提示框中单击 转换为智能对象(C) 按钮，然后打开"高斯模糊"对话框，在其中设置半径为"133"，单击 确定 按钮，如图4-21所示。

图 4-19 添加素材

图 4-20 绘制圆形

图 4-21 模糊圆形

步骤 08 在工具属性栏中取消填充，在太阳内部绘制一个圆环，如图4-22所示。

步骤 09 按【Ctrl+J】组合键复制圆环，按【Ctrl+T】组合键自由变换圆环，将其沿中心放大，然后在工具属性栏中修改描边宽度为"3像素"，如图4-23所示。

步骤 10 选择"横排文字工具"**T.**，在图像编辑区顶部输入图4-24所示的文字，选择【窗口】/【字符】命令打开"字符"面板，设置字体、行距、颜色分别为"Georgia""48点""#ffffff"，适当调整文字大小，然后按【Ctrl+S】组合键保存文件。

图 4-22 绘制圆环

图 4-23 复制并调整圆环

图 4-24 输入文字

4.2.2 形状工具组

在Photoshop中，运用形状工具组可以绘制出不同的形状路径和形状图形，再通过形状的拼接制作出丰富的图像效果。

1. 矩形工具

"矩形工具" ■ 可用于绘制矩形、正方形和圆角矩形。绘制时，按住鼠标左键不放并拖曳，可绘制矩形；按住【Shift】键的同时按住鼠标左键不放并拖曳，可绘制正方形；按住【Alt】键的同时按住鼠标左键不放并拖曳，可以以单击点为中心绘制矩形；按住【Shift+Alt】组合键的同时按住鼠标左键不放并拖曳，可以以单击点为中心绘制正方形。"矩形工具"的工具属性栏如图4-25所示。

图 4-25 "矩形工具"的工具属性栏

- 形状：用于选择绘图模式，该下拉列表中包括形状、路径和像素3种模式。
- 填充：单击"填充"色块，打开下拉列表，在其中单击"无颜色"按钮 ☑，可不为形状填充颜色；

单击"纯色"按钮▦，可为形状填充"最近使用的颜色"或预设颜色；单击"渐变"按钮▦，可为形状填充渐变颜色；单击"图案"按钮▦，可为形状填充图案；单击"拾色器"按钮▦，打开"拾色器"对话框，可自定义填充颜色。

- 描边：单击"描边"色块，打开下拉列表，其功能与"填充"色块的相似。
- 设置形状描边宽度："设置形状描边宽度"下拉列表 `1像素　　` 用于设置描边粗细，单击⌄按钮，可通过拖曳滑块设置描边的粗细。
- 设置形状描边类型："设置形状描边类型"下拉列表 `———⌄` 用于选择描边的线条类型，单击⌄按钮，打开"描边选项"下拉列表，在其中可设置描边的线形；在"对齐"下拉列表中可设置描边与路径的对齐方式；在"端点"下拉列表中可设置路径端点的样式；在"角点"下拉列表中可设置路径转角处的样式；单击 `更多选项…` 按钮，可打开"描边"对话框设置虚线描边中"虚线"的长度和"间隔"的长度。
- W/H："W"文本框用于设置形状的宽度，"H"文本框用于设置形状的高度。
- 链接形状的宽度和高度：单击"链接形状的宽度和高度"按钮 ⊂⊃，可以锁定形状的宽高比，在调整形状时不会改变形状的比例。
- 路径操作：单击▢按钮，在打开的下拉列表中可设置形状的运算方式。
- 路径对齐方式：单击▤按钮，在打开的下拉列表中可设置形状的对齐与分布方式。
- 路径排列方式：单击⬚按钮，在打开的下拉列表中可设置形状的堆叠顺序。
- 设置其他形状和路径选项：单击✿按钮，在打开的下拉列表中可设置绘制形状时路径在屏幕上显示的宽度和颜色，以及形状约束等属性。
- 圆角半径：在"圆角半径"文本框⌐ `50像素` 中可设置圆角半径。
- 对齐边缘：单击选中该复选框，可将矢量形状边缘与像素网格对齐。

2. 椭圆工具

"椭圆工具"◯可用于绘制椭圆和圆形，其使用方法和工具属性栏都与"矩形工具"▢的相似。

3. 三角形工具

"三角形工具"△可用于绘制三角形，其使用方法和工具属性栏都与"矩形工具"▢的相似。

4. 多边形工具

"多边形工具"◯可用于绘制具有不同边数的正多边形和星形，其使用方法和工具属性栏都与"矩形工具"▢的相似，但增加了"边数"文本框⌗ `5`　，用于设置形状的边数。

5. 直线工具

"直线工具"╱可用于绘制具有不同粗细、颜色、箭头的直线，其使用方法和工具属性栏都与"矩形工具"▢的相似，但增加了"粗细"文本框，用于设置直线的粗细。

6. 自定形状工具

"自定形状工具"✿可用于绘制Photoshop自带的不同形状，其使用方法和工具属性栏都与"矩形工具"▢的相似，但增加了"形状"下拉列表，用于选择形状类型。

4.2.3　课堂案例——设计旅行网标志

案例说明： 海浪旅行网需要制作用于网站宣传的标志，要求标志的尺寸为800像素×800像素，其不

但要形象美观，还要迎合网站主题。除此之外，还要有网站名称，方便
用户了解该网站。由于该网站的定位是海上旅行，因此可考虑绘制在大
海上行驶的轮船，体现出旅行的悠然感；配色上可使
用大海的颜色——蓝绿色作为主色，再添加绿色等作
为辅助色，整体清新自然，参考效果如图4-26所示。

　　知识要点：钢笔工具组；填充与描边路径。
　　素材位置：素材\第4章\海浪旅行网.psd
　　效果位置：效果\第4章\旅行网标志.psd

图4-26　参考效果

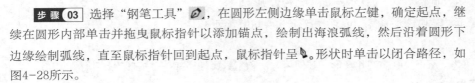

设计素养

　　标志是以特定、明确的图形来表示和代表某事物的符号，即凡是代表和表示某个团体、结构、公司、
厂商、会议、活动、商品等的符号都可称为标志。

设计旅行网标志的具体操作步骤如下。

步 骤 01 新建尺寸为"800像素×800像素"、分辨率为"300像素/英寸"、颜
色模式为"RGB颜色"、名称为"旅行网标志"的文件。

步 骤 02 使用"椭圆工具" ○ 和"矩形工具" □ 分别绘制一个圆形和长方形，
设置填充颜色分别为"#aef4f2""#d64363"，如图4-27所示。

步 骤 03 选择"钢笔工具" ⌀ ，在圆形左侧边缘单击鼠标左键，确定起点，继
续在圆形内部单击并拖曳鼠标指针以添加锚点，绘制出海浪弧线，然后沿着圆形下
边缘绘制弧线，直至鼠标指针回到起点，鼠标指针呈 ◌ 形状时单击以闭合路径，如
图4-28所示。

步 骤 04 新建图层，设置前景色为"#007683"，在路径上单击鼠标右键，在弹出的快捷菜单中选
择"填充路径"命令，打开"填充路径"对话框，在"内容"下拉列表中选择"前景色"选项，单击 确定
按钮即可填充路径，按【Delete】键删除路径，查看填充效果如图4-29所示。

图4-27　绘制形状

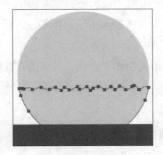
图4-28　绘制路径

图4-29　查看填充效果

步 骤 05 使用"钢笔工具" ⌀ 在圆形左侧绘制起伏的山峦形状，如图4-30所示。

步 骤 06 新建图层，设置前景色为"#37b59f"，选择【窗口】/【路径】命令打开"路径"面
板，可以看到刚刚绘制的路径显示为"工作路径"，单击面板底部的"用前景色填充路径"按钮 ● ，使

用前景色填充绘制的路径,然后按【Delete】键删除路径,查看填充效果如图4-31所示。

步骤 07 使用与步骤3~步骤6相同的方法绘制帆船的各个部件,并分别填充合适的颜色,如图4-32所示。

步骤 08 新建图层,设置前景色为"#ffffff",选择"画笔工具" ,在工具属性栏设置笔尖样式、大小分别为"硬边圆""10像素"。选择"弯度钢笔工具" ,在帆船下方单击确认起点,然后在起点右上角单击确认第2个锚点,再在第2个锚点右下角单击确认第3个锚点,此时可发现3个锚点之前相连的路径线段自动变为曲线。继续添加4个锚点,绘制出图4-33所示的浪花弧形。

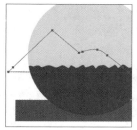

图4-30 绘制路径　　　　图4-31 查看填充效果　　　　图4-32 绘制帆船　　　　图4-33 绘制浪花弧形

提示

描边路径效果的粗细与所选工具笔触的大小相关,因此,在对路径描边前,可先设置画笔的笔触大小。

步骤 09 在路径上单击鼠标右键,在弹出的快捷菜单中选择"描边路径"命令,打开"描边路径"对话框,在"工具"下拉列表中选择"画笔"选项,单击 确定 按钮即可描边路径,按【Delete】键删除路径,查看描边效果如图4-34所示。

步骤 10 新建图层,使用"钢笔工具" 绘制并描边其他装饰线条,如图4-35所示。

步骤 11 打开"海浪旅行网.psd"素材,将其中所有内容拖入"旅行网标志"文件中,调整素材的尺寸和位置,然后在"图层"面板中将底部的长方形图层上移一层,最终效果如图4-36所示。按【Ctrl+S】组合键保存文件。

图4-34 查看描边效果　　　　图4-35 绘制并描边其他装饰线条　　　　图4-36 最终效果

4.2.4 路径与"路径"面板

路径是一种不包含像素的轮廓形式,也是一种矢量图形,存放于"路径"面板中。

1. 路径

路径主要由曲线或直线、锚点、控制柄等组成，如图4-37所示。

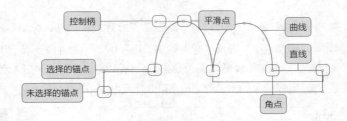

图4-37　路径的组成

- 直线或曲线：路径由一条或多条直线或曲线组成。
- 锚点：路径上连接线段的小正方形就是锚点，其中锚点显示为黑色实心时，表示该锚点为已被选择状态。路径中的锚点主要有平滑点和角点两种，其中平滑点可以形成曲线，角点可以形成直线或转角曲线。
- 控制柄：控制柄也称方向线，是指调整路径段的位置、长短、弯曲度等参数的控制点。选择锚点后，该锚点上将显示控制柄，拖曳控制柄一端的小圆点，可修改该路径段的形状和弧度。

路径既可以根据线条的类型分为直线路径和曲线路径，也可以根据起点与终点的情况分为开放式路径和闭合式路径，如图4-38所示。同时，多个闭合式路径可以构成更为复杂的图形，称为"子路径"。

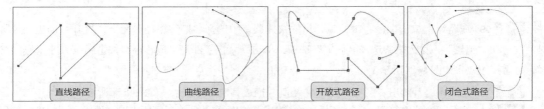

图4-38　路径的类型

2. "路径"面板

"路径"面板主要用于存储、管理与调用路径，在该面板中显示了当前路径和矢量蒙版的名称、路径类型、缩览图等。选择【窗口】/【路径】命令，即可打开"路径"面板，如图4-39所示。

图4-39　"路径"面板

- 存储的路径：存储的路径是指存储后的工作路径，用户可根据需要存储多条路径。
- 路径缩览图：路径缩览图中显示了路径图层中包含的所有内容。
- 工作路径："工作路径"是"路径"面板中的临时路径，在没有新建路径的情况下，当前所有的路径操作都在这个路径中进行。
- 用前景色填充路径：单击"用前景色填充路径"按钮 ●，可使用前景色填充绘制的路径。
- 用画笔描边路径：单击"用画笔描边路径"按钮 ○，可使用当前设置的画笔样式描边路径。
- 将路径作为选区载入：单击"将路径作为选区载入"按钮 ⋮⋮，可将当前路径转换为选区。

🔔 提示

路径转换为选区的方法还有以下3种：选择路径后，按【Ctrl+Enter】组合键可直接建立选区；或者在按住【Ctrl】键的同时，单击"路径"面板中的路径缩览图，可直接建立选区；或者在图像编辑区或"路径"面板中的路径上单击鼠标右键，在弹出的快捷菜单中选择"建立选区"命令，打开"建立选区"对话框，设置羽化半径等参数后，单击 确定 按钮建立选区。

- **从选区生成工作路径**：单击"从选区生成工作路径"按钮 ◇ ，可将选区转换为工作路径并保存。
- **添加图层蒙版**：单击"添加图层蒙版"按钮 ▢ ，可为当前选区的图层创建蒙版。
- **创建新路径**：单击"创建新路径"按钮 ⊞ ，可新建一个路径图层。
- **删除当前路径**：单击"删除当前路径"按钮 🗑 ，可删除当前选中的路径。

4.2.5　钢笔工具组

钢笔工具组是Photoshop中功能较为强大的路径绘制工具组，主要用于绘制矢量图形。

1.钢笔工具

"钢笔工具" ⬤ 是最基础的路径绘制工具之一，常用于绘制各种直线或曲线。"钢笔工具"的工具属性栏如图4-40所示。

图4-40　"钢笔工具"的工具属性栏

- **路径**：用于选择绘图模式，该下拉列表中包括形状、路径和像素3种模式。
- **建立**：用于选择路径绘制区域所生成的类型。单击 选区… 按钮可建立选区，单击 蒙版 按钮可创建蒙版，单击 形状 按钮可生成形状图层。
- **自动添加/删除**：单击选中该复选框后，鼠标指针位于路径上时会自动变成 ⬤₊ 形状或 ⬤₋ 形状，此时在路径上单击可添加或删除锚点。

另外，在使用"钢笔工具" ⬤ 绘制的过程中，鼠标指针在路径与锚点上会根据不同情况变化功能，用户可以通过观察鼠标指针的形状来更加熟练地使用"钢笔工具" ⬤ 。

- **⬤₊ 形状**：当鼠标指针变为 ⬤₊ 形状时，在路径上单击可添加锚点。
- **⬤₋ 形状**：当鼠标指针在锚点上变为 ⬤₋ 形状时，单击可删除锚点。
- **⬤∗ 形状**：当鼠标指针变为 ⬤∗ 形状时，按住鼠标左键不放并拖曳可创建一个平滑点，只单击则可创建一个角点。
- **⬤○ 形状**：将鼠标指针移动至路径起始点上，鼠标指针变为 ⬤○ 形状时，单击可闭合路径。
- **⬤○ 形状**：绘制新路径之后，若需重新调整之前的开放式路径，可将鼠标指针移动至需要调整的路径的端点上，鼠标指针将变为 ⬤○ 形状，在该端点上单击后可继续绘制该路径。此后，若将鼠标指针移动至另一条开放式路径的端点上，在鼠标指针变为 ⬤○ 形状时单击，可将两条路径连接成一条路径。

2.自由钢笔工具

使用"自由钢笔工具" ⬤ 绘制图形时，Photoshop会自动添加锚点。与"钢笔工具" ⬤ 相比，"自由钢笔工具" 💋 可以绘制出更加自然、随意的路径,其工具属性栏与"钢笔工具" 💋 的相似。

3. 弯度钢笔工具

使用"弯度钢笔工具" 💋 可便捷地绘制平滑曲线和直线段,并在无须切换工具的情况下创建、切换、编辑、添加或删除平滑点或角点,适用于绘制或编辑较为复杂的路径。

如果想要绘制平滑的曲线,可选择"弯度钢笔工具" 💋 先创建前2个锚点,在单击创建第3个锚点后,3个锚点之间的路径将自动进行调整,曲线变得平滑。

4. 添加锚点工具

当需要对路径段添加锚点时,可选择"添加锚点工具" 💋,将鼠标指针移动到路径上,当鼠标指针变为 ▸₊ 形状时,单击鼠标左键,即可在单击处添加一个锚点。

5. 删除锚点工具

在路径上除可添加锚点外还可删除锚点,选择"删除锚点工具" 💋,将鼠标指针移动到绘制好的路径锚点上,当鼠标指针呈 ▸₋ 形状时,单击鼠标左键,即可删除该锚点。

6. 转换点工具

在绘制路径时,有时会因为路径的锚点类型不同而影响路径形状,此时可使用"转换点工具" ⊾ 来转换锚点,从而调整路径形状。使用"转换点工具" ⊾ 在角点上单击,角点将被转换为平滑点;使用"转换点工具" ⊾ 在平滑点上单击,平滑点将被转换为角点。

🔔 **提示**

在使用"钢笔工具" 💋 绘制路径时,将鼠标指针移动到路径锚点上,按住【Alt】键不放可直接使鼠标指针变成 ⊾ 形状,单击锚点即可转换锚点类型。

4.2.6 路径的基本操作

初步绘制的矢量图形可能不符合设计需求,此时就需要编辑构成矢量图形的路径。掌握路径的基础操作,有助于提高矢量图形编辑效率。

1. 选择路径

选择路径是编辑路径的第一步,常见的选择方法主要有两种,分别是使用路径选择工具和使用直接选择工具,下面分别进行介绍。

● 路径选择工具:用于选择完整路径。选择"路径选择工具" ▶,在路径上单击即可选择该路径,在路径上按住鼠标左键不放并拖曳,可移动所选路径。

● 直接选择工具:用于选择路径、锚点和控制柄等。选择"直接选择工具" ▶,在路径上的任意位置单击,将出现锚点和控制柄,任意选择路径中的路径段、锚点或控制柄,然后按住鼠标左键不放并向其他方向拖曳,可对选择的对象进行编辑。

2. 存储路径

默认情况下,用户绘制的工作路径都是临时的路径,若是再绘制一条路径,原来的工作路径将被新绘制的路径所取代,此时可将路径存储起来。其方法为在"路径"面板中双击需要存储的工作路径,在打开的"存储路径"对话框中设置"名称"后单击 确定 按钮,"路径"面板中的工作路径将被存储起来。

3．复制路径

如果需要绘制的图形是由多个相同的形状组合而成的，则可通过复制路径的方法快速将相同的图形组合成一个新的图形。其方法为在"路径"面板中选择一个需要复制的路径（需为存储过的路径），单击鼠标右键，在弹出的快捷菜单中选择"复制路径"命令，打开"复制路径"对话框，在"名称"文本框中输入复制路径的名称，单击 确定 按钮完成复制。

4.2.7　填充与描边路径

绘制路径后，通常需要对其进行编辑和设置，如对路径进行颜色填充和描边等，以制作出各种效果的图像。

1．填充路径

填充路径是指将路径内部填充为颜色或图案。除通过"路径"面板中的"用前景色填充路径"按钮 ● 填充路径外，还可以在路径上单击鼠标右键，在弹出的快捷菜单中选择"填充路径"命令，可打开"填充路径"对话框，在"使用"下拉列表中可设置填充内容为纯色或图案，单击 确定 按钮进行填充。

2．描边路径

描边路径是指使用图像绘制工具或修饰工具沿路径绘制图像或修饰图像。除通过"路径"面板中单击"用画笔描边路径"按钮 ○ 描边路径外，还可以在路径上单击鼠标右键，在弹出的快捷菜单中选择"描边路径"命令，打开"描边路径"对话框，在"工具"下拉列表中可选择描边工具，单击 确定 按钮进行描边。

🔗 资源链接

除直接用形状工具组和钢笔工具组绘制路径外，还可以通过运算路径和变换路径等方法，快速从已有的路径中生成需要的图形效果。对于运算与变换路径的详解可扫描右侧的二维码，查看详细内容。

扫码看详情

技能提升

图4-41所示为不同风格的图像，且这些图像均可在Photoshop中完成。请思考每张图像适合使用哪种绘图工具进行绘制，并总结不同绘图工具的优势和特点。

高清彩图

图4-41　不同风格的图像

4.3 课堂实训

4.3.1 设计插画风格网站登录页

1. 实训背景

某旅游网近期正在更新网站,现需重新设计网站登录页,希望能采用插画风格,体现较高的视觉美感,展现出清爽、有活力的登录页视觉效果。

2. 实训思路

(1)设计背景。背景是营造网页整体氛围的重中之重,因此这里考虑采用蓝色的主色调增加清爽感,再绘制一些简单的圆形、弧线作为装饰,为画面增添动感和层次感,如图4-42所示。

(2)设计插画。旅游往往与自然风景相关,因此可以以自然风景为主题设计插画,绘制房屋、山峦、植物、湖水、云海、太阳等元素,并在配色上融合背景主色调,使用与自然相关的绿色、白色等为辅助色,如图4-43所示。

(3)设计登录板块。该网站有两种登录方式,因此在设计时需要通过颜色、线条的区别来展现两种登录方式。此外,通过绘制简单的几何图形,可以清晰地划分各种文本框、按钮等。

高清彩图

本实训的参考效果如图4-44所示。

图4-42 设计背景

图4-43 设计插画

图4-44 参考效果

素材位置: 素材\第4章\登录页图标.psd

效果位置: 效果\第4章\插画风格网站登录页.psd

3. 步骤提示

步骤 01 新建尺寸为"1920像素×1080像素"、分辨率为"72像素/英寸"、颜色模式为"RGB颜色"、名称为"插画风格网站登录页"的文件。

步骤 02 使用"油漆桶工具" 将背景填充为蓝色,新建图层,使用"画笔工具" 在图像编辑区的左上角和右上角绘制不同深浅的蓝色圆形。

步骤 03 使用钢笔工具组在背景底部绘制波浪形状,并将其填充为浅蓝色。

步骤 04 使用"矩形工具" 绘制一个较大的白色圆角矩形,然后结合钢笔工具组和形状工具组,在白色圆角矩形的左半部分绘制风景插画。

步骤 05 使用形状工具组在白色圆角矩形的右半部分绘制线条、矩形框、圆角矩形

视频教学:
设计插画风格
网站登录页

按钮，然后使用"横排文字工具"**T.**输入相关文字。

步骤 06 打开"登录页图标.psd"素材，将其中所有图标拖入"插画风格网站登录页"文件，调整至合适的尺寸和位置，然后保存文件，查看完成后的效果。

4.3.2 设计商场代金券

1. 实训背景

代金券是商家的一种优惠方式，使用代金券可以在购物中抵扣等值的现金。"爱购"商场准备开展促销活动，拉动大众消费，现需要设计活动代金券，要求颜色鲜明、代金券金额突出。

2. 实训思路

（1）确定配色。为了吸引消费者的目光，代金券可以通过颜色制造视觉冲突感，即使用对比度较大的配色，如黄色、蓝色、橙红色、黑色、白色等。

（2）确定版式并绘制具体内容。中心构图可以集中消费者视线，因此这里准备将代金券的主要信息集中在中央，通过黑色边框、白色色块、橙色色块来划分版式。背景可以蓝色为主、黄色为辅，绘制波浪线增加活泼感；在边框的周围可绘制较小的几何图形，丰富代金券的层次感，同时也具有一定的视线引导作用，如图4-45所示。

（3）添加文字和装饰。添加与代金券相关的文字信息，如金额、商场名称、使用规则、编号等。此外，还可以在空白处添加装饰元素，如礼物盒等，加深消费者对该代金券的印象。

本实训的参考效果如图4-46所示。

高清彩图

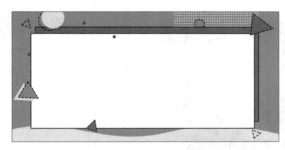

图4-45 确定版式并绘制具体内容 　　 图4-46 参考效果

素材位置： 素材\第4章\代金券.psd

效果位置： 效果\第4章\商场代金券.psd

3. 步骤提示

步骤 01 新建尺寸为"18厘米×9厘米"、分辨率为"300像素/英寸"、颜色模式为"CMYK颜色"、名称为"商场代金券"的文件。

步骤 02 使用"油漆桶工具" 将背景填充为蓝色，新建图层，使用"画笔工具" 在图像编辑区底部绘制黄色波浪线。

视频教学：
设计商场代金券

步骤 03 使用形状工具组在背景周围绘制几何图形，并设置不同的填充颜色、描边颜色和描边类型。

步骤 04 使用"矩形工具" 绘制一个较大的橙色圆角矩形，并为其添加黑色描边。复制该矩形，修改其填充颜色为"#ffffff"，然后使用"移动工具"⊕将其向左下方移动一定的距离，形成错位的效果。

步骤 05 在"图层"面板中调整上一步绘制的两个矩形图层的顺序，使一些几何图形能够显示在矩形上方。

步骤 06 打开"代金券.psd"素材，将其中所有内容拖入"商场代金券"文件，调整至合适的尺寸和位置，放大金额文字，然后保存文件，查看完成后的效果。

4.4 课后练习

练习 1 设计猫咪书籍封面

《猫咪家的日常》书籍近日准备出版，在此之前还需设计一个封面，尺寸要求为14厘米×20厘米。该封面需要展现书名、作者和出版社名称等内容，封面要能体现"猫咪"主题，且具备简洁、清晰、自然等特点。设计时，考虑通过画笔工具、油漆桶工具、自定形状工具、钢笔工具组等来完成，参考效果如图4-47所示。

素材位置： 素材\第4章\封面.psd
效果位置： 效果\第4章\猫咪书籍封面.psd

高清彩图

图4-47 参考效果（一）

练习 2　设计日历插画

　　某文创公司准备开启针对新年份的日历制作项目，除日历的文字、版式设计外，还需要专门设计其中的插画。考虑到新年新气象，公司决定以"海上日出"为主题设计1月份的插画，代表新年伊始，要求塑造清新、温暖的场景，表现出对新生活的美好希冀。设计时，可以使用钢笔工具组和形状工具组等绘制插画中的图形，参考效果如图4-48所示。

高清彩图

　　效果位置： 效果\第4章\海上日出插画.psd

图4-48　参考效果（二）

第 **5** 章

图像调色

　　由于拍摄时出现的各种主观因素和客观因素，可能会使拍摄出来的照片不美观，此时可以使用Photoshop的调色功能调整图像的色彩。Photoshop提供了调整图像明暗、调整图像色彩、特殊调色处理等多种调色命令，用户可综合运用不同的调色命令，从而得到想要的效果。

📖 学习目标
　◎ 掌握调整图像明暗和色彩的方法
　◎ 掌握特殊调色处理的方法

✧ 素养目标
　◎ 培养调色思路，准确分析图像存在的色彩问题
　◎ 熟练运用不同的调色命令，增强调色能力

◈ 案例展示

春季海报

水果横幅广告

装饰画效果

5.1
调整图像明暗

图像的明暗关系能够反映图像中物体的层次感，所以在为图像调色时，往往都会先调整图像的明暗关系，将画面调整得明亮、通透，更符合平面设计作品的要求。

5.1.1　课堂案例——改善逆光照片

案例说明：由于拍摄时光线不佳且逆光拍摄，某摄影师拍摄出的风景照片出现了曝光不足的情况，照片的视觉效果不太好。针对该照片暗部阴影过重、细节不清晰的问题，现需要使用Photoshop进行处理，使照片的光线状态达到较好的效果，提高风景照片的美观度。改善逆光照片前后的对比效果如图5-1所示。

知识要点：亮度/对比度；阴影/高光；曝光度；色阶；曲线。

素材位置：素材\第5章\逆光.jpg

效果位置：效果\第5章\改善逆光照片.jpg

改善透光照片的具体操作步骤如下。

高清彩图

步骤 01 打开"逆光.jpg"素材，选择【图像】/【调整】/【亮度/对比度】命令，打开"亮度/对比度"对话框，单击

图5-1　对比效果

自动(A) 按钮，Photoshop将自动调整图像的亮度/对比度，完成后单击 确定 按钮，自动调整亮度/对比度的前后对比效果如图5-2所示。

视频教学：
改善逆光照片

步骤 02 此时图像明度仍然不足、暗部阴影过重，选择【图像】/【调整】/【阴影/高光】命令，打开"阴影/高光"对话框，保持默认设置不变，单击 确定 按钮，如图5-3所示。

图5-2　自动调整亮度/对比度的前后对比效果 　　　**图5-3　调整阴影/高光**

步骤 03 选择【图像】/【调整】/【曝光度】命令，打开"曝光度"对话框，设置曝光度、位移、灰度系数校正分别为"+0.44""+0.0250""1.02"，单击 确定 按钮。

步骤 04 按【Ctrl+L】组合键打开"色阶"对话框，设置输入色阶为"5、1.39、255"，单击 确定 按钮，调整色阶的效果如图5-4所示。

步骤 05 按【Ctrl+M】组合键打开"曲线"对话框,将鼠标指针移动到曲线中上段,单击可增加一个控制点,然后略微向上拖曳该控制点;将鼠标指针移动到曲线中下段,单击增加一个控制点,然后向下拖曳该控制点,如图5-5所示。

步骤 06 单击 确定 按钮,最终效果如图5-6所示,最后按【Ctrl+S】组合键保存文件。

 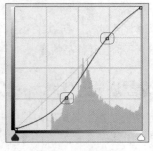 

图5-4 调整色阶的效果　　　　图5-5 调整曲线　　　　图5-6 最终效果

5.1.2 亮度/对比度

选择【图像】/【调整】/【亮度/对比度】命令,打开"亮度/对比度"对话框,如图5-7所示,调整其中的参数可以调整图像的亮度和对比度。

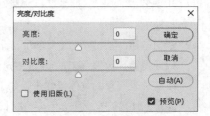

图5-7 "亮度/对比度"对话框

- 亮度:用于调整图像的亮度,数值越小,图像越暗;数值越大,图像越亮。
- 对比度:用于调整图像明暗对比,数值越小,对比越弱;数值越大,对比越强。
- 使用旧版:单击选中"使用旧版"复选框,调整"亮度/对比度"的效果将与旧版Photoshop的效果一致。
- 取消:单击 取消 按钮,将取消调整图像。若需还原图像的原始参数,可按住【Alt】键,此时 取消 按钮将变为 复位 按钮,单击 复位 按钮可还原图像原始参数。
- 自动:单击 自动(A) 按钮,Photoshop将根据图像自动调整其亮度和对比度。
- 预览:单击选中"预览"复选框,在调整图像的亮度和对比度时,可以直接在图像编辑区中查看调整图像后的效果。

5.1.3 曝光度

选择【图像】/【调整】/【曝光度】命令,打开"曝光度"对话框,如图5-8所示,通过对曝光度、位移和灰度系数的控制,可以调整图像的明亮程度,使图像变亮或变暗。

- 预设:"预设"下拉列表中提供了4种预设好的曝光度选项,可直接选择需要的选项以应用相应效果。
- 预设选项:单击"预设选项"按钮 ❖,在打开的下拉列表中选择"存储预设"选项可存储当前的曝光度参数;

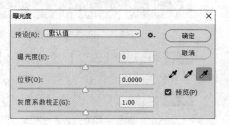

图5-8 "曝光度"对话框

选择"载入预设"选项，可导入已保存的曝光度参数文件。

- 曝光度：用于调整图像的曝光度，数值越小，曝光效果越弱；数值越大，曝光效果则越强。
- 位移：用于调整阴影和中间调，数值越小，光线越暗；数值越大，光线越亮。
- 灰度系数校正：用于调整图像的灰度系数，数值越小，灰度越弱；数值越大，灰度越强。
- 在图像中取样以设置黑场：单击"在图像中取样以设置黑场"按钮 后，在图像中单击以选择颜色，图像上所有像素的亮度值都会减去该选取色的亮度值，使图像变暗。
- 在图像中取样以设置灰场：单击"在图像中取样以设置灰场"按钮 后，在图像中单击以选择颜色，Photoshop将使用单击处的像素的亮度来调整图像上所有像素的亮度。
- 在图像中取样以设置白场：单击"在图像中取样以设置白场"按钮 后，在图像中单击以选择颜色，图像上所有像素的亮度值都会加上该选取色的亮度值，使图像变亮。

5.1.4 阴影/高光

选择【图像】/【调整】/【阴影/高光】命令，打开"阴影/高光"对话框，如图5-9所示，其中，"阴影"参数可用于增加或减少图像中的暗部，"高光"参数可用于增加或减少图像中的高光，从而使图像尽可能显示更多的细节。若单击选中"显示更多选项"复选框，将显示全部的阴影和高光选项；取消选中该复选框，则会隐藏详细选项。

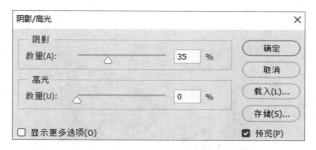

图5-9 "阴影/高光"对话框

5.1.5 曲线

选择【图像】/【调整】/【曲线】命令，或按【Ctrl+M】组合键打开"曲线"对话框，在其中调整曲线可以让整体明暗对比分布更加合理，使图像更具质感。例如，将鼠标指针移动到曲线上，单击增加一个控制点，按住鼠标左键不放并向上方或向下方拖曳即可调整亮度，如图5-10所示。

- 预设：用于选择Photoshop提供的预设曲线。
- 通道：用于选择需要调整的颜色通道。
- 显示数量：用于显示反转强度值和百分比。RGB颜色模式文件默认单击选中"光"单选按钮，CMYK颜色模式文件默认单击选中"颜料/油墨"单选按钮。
- 网格大小：用于选择网格密度。单击 按钮，将以25%色调增量显示简单网格；单击 按钮，将以10%色调增量显示详细网格。
- 输入：用于显示调整曲线前所选控制点的像素值。
- 输出：用于显示调整曲线后所选控制点的像素值变化结果。

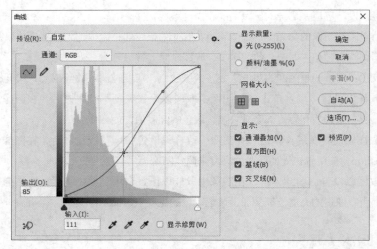

图5-10　调整亮度

5.1.6　色阶

选择【图像】/【调整】/【色阶】命令，或按【Ctrl+L】组合键打开"色阶"对话框，如图5-11所示。通过色阶可以调整图像的阴影、中间调和高光的强度级别，矫正色调范围和色彩平衡。

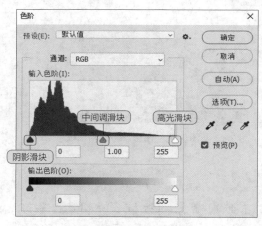

图5-11　"色阶"对话框

- 输入色阶：当阴影滑块位于色阶值"0"处时，对应的像素是纯黑色，如果向右移动阴影滑块，则Photoshop会将当前阴影滑块位置的像素值映射为色阶"0"，即滑块所在位置左侧的所有像素都为黑色；中间调滑块默认位于色阶"1.00"处，主要用于调整图像中的灰度系数，可以改变灰色调中间范围的强度值，但不会明显改变高光和阴影；高光滑块位于色阶"255"处时，对应的像素是纯白色，若向左移动高光滑块，则滑块所在位置右侧的所有像素都会变为白色。
- 输出色阶：用于限定图像的亮度范围，拖曳黑色滑块时，左侧的色调都会被映射为滑块当前位置的灰色，即图像中最暗的色调将变为灰色；拖曳白色滑块的作用与拖曳黑色滑块的相反。
- 选项：单击 选项(T)... 按钮，将打开"自动颜色校正选项"对话框，在其中可以分别设置单色对比度、通道对比度、深色和浅色、亮度和对比度，以及目标颜色的修剪程度等。

技能提升

　　在"曲线"对话框中，曲线可以被调整为无数种形状，对应的图像效果也有所差别。图5-12所示为将曲线调整为"S"形，使高光区域变亮、阴影区域变暗，增强色调的对比度的前后效果。要想在以后能通过调整曲线，高效地改善图像或实现某种效果，可先尝试调整更多曲线形状，如水平直线形、折线形、梯形等，探索其带来的不同效果。

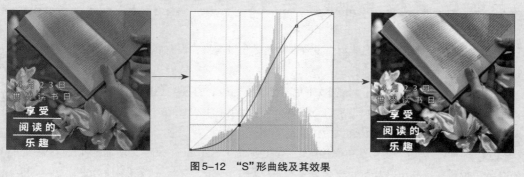

图5-12　"S"形曲线及其效果

5.2 调整图像色彩

　　想要得到出色的图像效果，合理使用及搭配色彩十分重要，此时就需要掌握调整图像色彩的方法。在Photoshop中用户既可以调整图像整体的色彩，也可以调整图像局部的色彩，达到校正偏色图像的效果，并使图像色彩更生动、更丰富。

5.2.1　课堂案例——制作水果横幅广告

　　案例说明：某店铺在拍摄水果促销照时，因为相机参数的设置和现场灯光的布置导致照片颜色有偏差，因此需要后期进行调整，还原水果的真实色彩，再将该照片制作为横幅广告，参考效果如图5-13所示。

　　知识要点：色彩平衡；自然饱和度。

　　素材位置：素材\第5章\水果

高清彩图

　　效果位置：效果\第5章\水果横幅广告.psd

图5-13　参考效果

在店铺促销活动中，横幅广告能很好地展示活动内容、拉动消费增长。设计店铺横幅广告时，需注意以下4点，以提高横幅广告的制作水平：①店铺横幅广告的尺寸一般为1024像素×768像素或1920像素×900像素；②横幅广告通常使用GIF格式的图像文件，也可使用静态图像，或SWF动画图像；③横幅广告在网页中所占的比例应较小，设计要醒目、吸引人。

制作水果横幅广告的具体操作步骤如下。

步骤 01 打开"水果.jpg"素材，发现照片整体色调偏青，没有展示出真实的水果颜色和背景颜色，如图5-14所示。

步骤 02 选择【图像】/【调整】/【色彩平衡】命令，打开"色彩平衡"对话框，默认情况下已单击选中"中间调"单选按钮，设置色阶为"42、0、-45"，增加水果中的红色和黄色，调整出水果正常的色彩。

步骤 03 单击选中"阴影"单选按钮，设置色阶为"-17、0、-5"，增加叶片中的青色和黄色，调整出叶片的正常色彩，单击 确定 按钮，调整色彩平衡的效果如图5-15所示。

步骤 04 选择【图像】/【调整】/【自然饱和度】命令，打开"自然饱和度"对话框，设置自然饱和度、饱和度分别为"21""18"，让色彩变得更加鲜艳，单击 确定 按钮，调整自然饱和度的效果如图5-16所示。

视频教学：制作水果横幅广告

图5-14 水果素材

图5-15 调整色彩平衡的效果

图5-16 调整自然饱和度的效果

步骤 05 新建尺寸为"1920像素×900像素"、分辨率为"150像素/英寸"、颜色模式为"RGB颜色"、名称为"水果横幅广告"的文件，然后将调整好的水果照片拖入新建的文件中，调整照片的尺寸和位置，如图5-17所示。

步骤 06 打开"广告文案.psd"素材，将其中所有素材拖入"水果横幅广告"文件中，进行适当布局，最终效果如图5-18所示。按【Ctrl+S】组合键保存文件。

图5-17 添加素材

图5-18 最终效果

5.2.2　色相 / 饱和度

选择【图像】/【调整】/【色相/饱和度】命令，或按【Ctrl+U】组合键打开"色相/饱和度"对话框，如图5-19所示，在其中调整图像的色相、饱和度、明度，可以改变图像的色彩。

图5-19　"色相 / 饱和度"对话框

- **预设**："预设"下拉列表中提供了预设好的8种色相/饱和度选项，选择需要的选项可应用相应的效果。单击"预设选项"按钮，在打开的下拉列表中选择"存储预设"选项可储存当前的色相/饱和度参数；选择"载入预设"选项，可导入已保存的色相/饱和度参数文件。

- **全图**：在"全图"下拉列表中可以选择调整范围，默认为"全图"选项，即对图像中的所有颜色有效；用户也可以选择红色、黄色、绿色、青色、蓝色和洋红这6个选项，对图像中的单个颜色进行调整。

- **色相/饱和度/明度**：通过拖曳对应的滑块或在对应文本框中输入数值，可以分别调整图像的色相、饱和度和明度。

- **按钮**：单击按钮，再单击图像中的一点取样，按住鼠标左键不放直接向右拖曳，可增加图像中相应色彩范围的饱和度，向左拖曳可降低图像中相应色彩范围的饱和度。按住【Ctrl】键再单击图像中的一点取样，按住鼠标左键并左右拖曳，可调整图像中相应色彩范围的色相。

- **着色**：单击选中"着色"复选框，图像会整体偏向一种单一的颜色。

5.2.3　色彩平衡

选择【图像】/【调整】/【色彩平衡】命令，或按【Ctrl+B】组合键打开"色彩平衡"对话框，如图5-20所示，可在图像原色彩的基础上根据需要来调整不同颜色的占比，如通过增加某种颜色的补色以减少该颜色的数量，从而改变图像的原色彩，常用于校正明显偏色的图像。

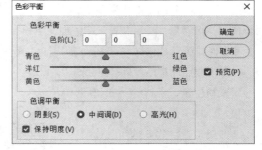

图5-20　"色彩平衡"对话框

- **色彩平衡**：拖曳3个滑块或在色阶后的数值框中输入相应的值，可使图像增加或减少相应的颜色。

- **色调平衡**：用于选择需要着重进行调整的色彩范围。单击选中"阴影""中间调""高光"单选按钮，可对相应色调的像素进行调整。单击选中"保持明度"复选框，可保持图像的明度不变，防止明度随颜色变化而发生改变。

5.2.4 自然饱和度

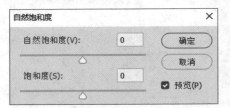

图5-21 "自然饱和度"对话框

选择【图像】/【调整】/【自然饱和度】命令，打开"自然饱和度"对话框，如图5-21所示，可调整图像的自然饱和度，常用于在增加饱和度的同时，防止颜色过于饱和而出现溢色的情况，尤其适用于处理人物图像。

● 自然饱和度：用于调整颜色的自然饱和度，避免色调失衡。
● 饱和度：用于调整所有颜色的饱和度。

5.2.5 可选颜色

选择【图像】/【调整】/【可选颜色】命令，打开"可选颜色"对话框，如图5-22所示，通过调整其中的参数，可以在改变RGB、CMYK、灰度等颜色模式中的某种颜色时不影响其他颜色。

● 颜色：用于设置要调整的颜色，拖曳下面的各个颜色滑块或在数值框中输入相应的值，即可调整所选颜色中青色、洋红、黄色、黑色的含量。
● 方法：用于选择增减颜色模式，单击选中"相对"单选按钮，可按CMYK总量的百分比来调整颜色；单击选中"绝对"单选按钮，可按CMYK总量的绝对值来调整颜色。

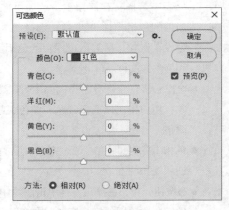

图5-22 "可选颜色"对话框

5.2.6 课堂案例——通过调整背景颜色制作春季海报

案例说明： 为了更好地宣传春季新品，某店铺将制作一张新品上市的春季海报。由于需要在海报中营造出春季氛围，因此需要先将提供的蓝绿色树叶图像的色调调整为富有春天气息的绿色色调，再将图像作为海报背景，然后在背景中添加文字和装饰等素材，通过适当调色和分布排列，让素材与背景更加和谐，参考效果如图5-23所示。

知识要点： 替换颜色；照片滤镜。

素材位置： 素材\第5章\春季海报

效果位置： 效果\第5章\春季海报.psd

通过调整背景颜色制作春季海报的具体操作步骤如下。

高清彩图

视频教学：通过调整背景颜色制作春季海报

图5-23 参考效果

步骤 01 打开"树叶.jpg"素材，选择【图像】/【调整】/【替换颜色】命令，打开"替换颜色"对话框，将鼠标指针移动到图像中，单击图像中显示最多的蓝色，如图5-24所示，设置参数如图5-25所示。

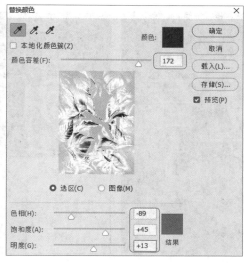

图 5-24　选择颜色（一）　　　　　　　图 5-25　设置参数（一）

步骤 02 单击 确定 按钮，这时得到的图像已经大部分变成了绿色调，还有一些较亮的青色需要调整。选择【图像】/【调整】/【替换颜色】命令，打开"替换颜色"对话框，将鼠标指针移动到图像中，单击图像中显示最多的青色，如图5-26所示，设置参数如图5-27所示。

图 5-26　选择颜色（二）　　　　　　　图 5-27　设置参数（二）

步骤 03 单击 确定 按钮，此时图像已完全变绿。打开"花朵文字.psd"素材，将其中所有内容拖曳到树叶图像中，适当调整尺寸和位置，让文字与树叶组成层叠效果，如图5-28所示。

步骤 04 由于文字和花朵泛黄，为了使其与绿叶背景更加融合，可选择【图像】/【调整】/【照片滤镜】命令，打开"照片滤镜"对话框，设置参数如图5-29所示，单击 确定 按钮。

步骤 05 使用"横排文字工具" **T.** 输入相关的新品折扣信息，设置字体分别为"方正姚体简体""方正粗宋简体"，颜色为"#f1ffcb"，适当调整大小并为其添加"投影"图层样式，最终效果如图5-30所示。按【Ctrl+S】组合键保存文件。

图5-28　添加文字　　　　图5-29　设置参数（三）　　　　图5-30　最终效果

5.2.7 照片滤镜

选择【图像】/【调整】/【照片滤镜】命令，打开"照片滤镜"对话框，如图5-31所示，在其中通过参数设置可以模拟传统光学滤镜特效，使图像呈暖色调、冷色调或其他颜色色调显示。

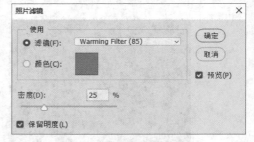

- 滤镜：在滤镜下拉列表中可以选择滤镜类型。
- 颜色：单击右侧的色块，可以在打开的对话框中自定义滤镜的颜色。
- 浓度：通过拖曳滑块或输入数值来调整所添加滤镜或颜色的浓度。

图5-31　"照片滤镜"对话框

- 保留明度：单击选中"保留明度"复选框，添加颜色滤镜后仍然保持原图像的明度。

5.2.8 匹配颜色

"匹配颜色"命令可匹配不同图像之间、多个图层之间或者多个颜色选区之间的颜色。打开两张图像（见图5-32），选择【图像】/【调整】/【匹配颜色】命令，打开"匹配颜色"对话框，在"图像统计"栏中设置匹配来源，然后在"图像选项"栏中通过调整明亮度、颜色强度、渐隐等来控制匹配程度，在图像编辑区中还可以实时预览，如图5-33所示。

图 5-32　原图像　　　　　　　　　图 5-33　匹配颜色

- 目标：用于显示当前图像文件的名称。
- 图像选项：用于调整匹配颜色时的明亮度、颜色强度、渐隐效果。单击选中"中和"复选框，可对两幅图像的中间色进行色调的中和。
- 图像统计：用于选择匹配颜色时图像的来源或所在的图层。

5.2.9　替换颜色

选择【图像】/【调整】/【替换颜色】命令，打开"替换颜色"对话框，如图5-34所示，通过在其中改变图像中某些区域的颜色的色相、饱和度、明度，可以达到改变图像色彩的目的。

- 本地化颜色簇：若需要在图像中选择相似且连续的颜色，单击选中"本地化颜色簇"复选框，可使选择范围更加精确。
- 吸管工具：单击"吸管工具"按钮，可吸取需替换的颜色。
- 添加到取样：单击"添加到取样"按钮，可以从图像中吸取新的颜色到需替换的颜色中。
- 从取样中减去：单击"从取样中减去"按钮，可以从需替换的颜色中减少吸取的颜色。
- 颜色容差：用于控制颜色选择的精度，颜色容差设置得越大，选择的颜色范围越广。

图 5-34　"替换颜色"对话框

- 选区：以白色蒙版的方式在预览区域中显示图像，白色代表已选区域，黑色代表未选区域，灰色代表部分被选择的区域。
- 图像：以原图的方式在预览区域中显示图像。
- 替换："替换"选项区域用于调整图像所选择颜色的色相、饱和度、明度的值。调整后的颜色变化将显示在"结果"缩略图中，原图像也会发生相应的变化。

技能提升

Photoshop的调色命令很多，每种命令适用的调色范围不太相同。请结合本小节知识，以及使用不同命令调整图像色彩的经验，填写表5-1。

表5-1　调色场景及可用命令分析

场景	可用命令
调整图像整体色调（如冷色调、暖色调）	
调整图像中的单个颜色（如单独调整黄色、红色、绿色）	

特殊调色处理

除前文所述的调整图像的明度和色彩，还可以使用"反相""色调分离""阈值""渐变映射""曝光度"等特殊命令对图像进行处理，以满足一些特殊图像的设计要求。

5.3.1　课堂案例——制作装饰画效果

案例说明： 装饰画不但要迎合装饰环境的整体风格，还要兼顾图像本身的美观效果。某店铺搜集了一些动物照片，准备制作一套风格独特的黑白装饰画，应用在简约、现代的家装设计中，参考效果如图5-35所示。

知识要点： 黑白；色调分离；渐变映射；阈值。

素材位置： 素材\第5章\装饰画照片

效果位置： 效果\第5章\装饰画效果.psd

高清彩图

图5-35　参考效果

制作装饰画效果的具体操作步骤如下。

步骤 01 打开"照片1.jpg"素材，选择【图像】/【调整】/【黑白】命令，打开"黑白"对话框，设置参数如图5-36所示，单击 确定 按钮，效果如图5-37所示。

步骤 02 选择【图像】/【调整】/【曝光度】命令，打开"曝光度"对话框，设置曝光度、位移、灰度系数校正分别为"+1.94""+0.5""0.06"，单击 确定 按钮，调整曝光度后的效果如图5-38所示。

视频教学：
制作装饰画效果

图5-36　"黑白"对话框

图5-37　调整黑白后的效果

图5-38　调整曝光度后的效果（一）

步骤 03 选择【图像】/【调整】/【色调分离】命令，打开"色调分离"对话框，设置色阶为"2"，单击 确定 按钮，色调分离后的效果如图5-39所示。

步骤 04 打开"照片2.jpg"素材，如图5-40所示。选择【图像】/【调整】/【阈值】命令，打开"阈值"对话框，设置阈值色阶为"137"，单击 确定 按钮，调整阈值后的效果如图5-41所示。

步骤 05 打开"照片3.jpg"素材，如图5-42所示。选择【图像】/【调整】/【渐变映射】命令，打开"渐变映射"对话框，在"灰度映射所用的渐变"下拉列表中选择"黑，白渐变"选项，如图5-43所示，单击 确定 按钮，黑白渐变映射后的效果如图5-44所示。

图5-39　色调分离后的效果　图5-40　打开"照片2.jpg"素材　图5-41　调整阈值后的效果（一）　图5-42　打开"照片3.jpg"素材

步骤 06 选择【图像】/【调整】/【曝光度】命令，打开"曝光度"对话框，设置曝光度、位移、灰度系数校正分别为"+1.39""+0.1208""0.37"，单击 确定 按钮，调整曝光度的效果如图5-45所示。

步骤 07 选择【图像】/【调整】/【阈值】命令，打开"阈值"对话框，设置阈值色阶为"130"，单击 确定 按钮，调整阈值后的效果如图5-46所示。

步骤 08 打开"画框.jpg"素材，依次将调整后的照片拖入画框中，调整照片的尺寸和位置，然后按【Ctrl+S】组合键保存文件，效果如图5-47所示。

图 5-43 设置"渐变映射"参数　　图 5-44 黑白渐变映射的效果　　图 5-45 调整曝光度后的
效果（二）

图 5-46 调整阈值后的效果（二）

图 5-47 装饰画效果

5.3.2　黑白

选择【图像】/【调整】/【黑白】命令，或按
【Alt+Shift+Ctrl+B】组合键打开"黑白"对话框，
如图 5-48 所示，调整其中的参数可以将彩色图像转
换为黑白图像，并通过控制图像中各个颜色的色调深
浅，使黑白图像更有层次感。

- 预设："预设"下拉列表中提供了 12 种黑白预
  设效果，可根据需要选择相应的选项。
- 红色～洋红：用于设置红色、黄色、绿色、青
  色、蓝色和洋红等颜色的色调深浅。其值越
  大，颜色越深。
- 色调：单击选中"色调"复选框，可为灰度着
  色，单击右侧的色块，在打开的"拾色器"对
  话框中设置用于着色的颜色。
- 色相：用于设置着色颜色的色相，单击选中
  "色调"复选框后激活该选项。
- 饱和度：用于设置着色颜色的饱和度，单击选
  中"色调"复选框后激活该选项。

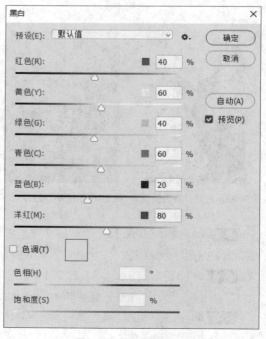

图 5-48 "黑白"对话框

> **△ 提示**
>
> 选择【图像】/【调整】/【去色】命令或按【Shift+Ctrl+U】组合键可去除图像中的所有颜色信息，将彩色图像转换为黑白图像。但与"黑白"命令不同的是，使用"去色"命令时，无法调整红色、黄色、绿色、青色、蓝色和洋红的色调深浅，也无法保留图像色调。

5.3.3　阈值

选择【图像】/【调整】/【阈值】命令，打开"阈值"对话框，如图5-49所示，调整其中的参数可以将彩色或灰度图像转换为只有黑白两种颜色的高对比度图像，即减少图像的颜色信息，只保存黑白颜色，并提高图像的对比度。其中，直方图中显示了像素的亮度级别和分布情况（亮度级别为1～255），可作为调整的参照物，然后拖曳直方图底部的滑块，或在"阈值色阶"数值框中输入数值

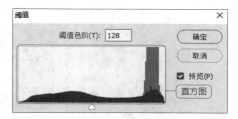

图5-49　"阈值"对话框

（将一个亮度值定义为阈值后，所有比阈值亮的像素会转换为白色，比阈值暗的像素则转换为黑色），单击 确定 按钮。

5.3.4　渐变映射

选择【图像】/【调整】/【渐变映射】命令，打开"渐变映射"对话框，如图5-50所示，调整其中的参数可使图像颜色根据指定的渐变颜色进行改变。

图5-50　"渐变映射"对话框

- 灰度映射所用的渐变：单击渐变条右边的下拉按钮，在打开的下拉列表中将出现一个包含预设效果的选择面板，在其中可选择需要的渐变样式。
- 仿色：单击选中"仿色"复选框，可以添加随机的杂色来平滑渐变填充的外观，让渐变更加平滑。
- 反向：单击选中"反向"复选框，可以反转渐变颜色的填充方向。

5.3.5　色调分离

选择【图像】/【调整】/【色调分离】命令，打开"色调分离"对话框，如图5-51所示，在其中可以指定图像的色调级数，即在"色阶"文本框中设置色阶值（色阶值越小，色阶数目就越少，色调级数就会减少），简化图像细节，并按照设置将图像的像素映射为接近的颜色。

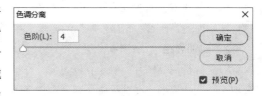

图5-51　"色调分离"对话框

技能
提升

版画是传统绘画（国画、油画、版画、雕塑）门类之一，自1931年由鲁迅倡导的新兴木刻起，开始有了我国创作的版画，如鲁迅的《彷徨》封面（见图5-52）。当代版画的概念主要指由艺术家构思创作并且通过制版和印刷程序而产生的艺术作品（见图5-53），版画逐渐被作为一种设计风格与波普风格在很多平面设计中结合运用，多采用凝练的轮廓与高饱和度的色彩，以引起用户的注意，如图5-54所示。

高清彩图

图5-52 《彷徨》封面

图5-53 当代版画

图5-54 版画与波普风格的结合

Photoshop中"阈值"命令可直接模拟出黑白版画效果；使用"色调分离"命令将色阶减少至"2"时，可直接模拟出波普风格效果和木刻版画效果；"渐变映射"命令则可以为图像叠加高饱和度、高对比度的渐变颜色，模拟波普风格效果，然后再搭配相关命令制作出版画效果。请结合提供的素材（素材位置：素材\第5章\波普版画素材），尝试使用本小节所述的命令制作波普风格效果和版画效果。

效果示例

5.4 课堂实训

5.4.1 商品图片精修

1. 实训背景

近期某珠宝公司想推出一款沉香木的手串作为重点宣传商品，因此需要对拍摄的商品图片——手串进行精修处理，使其达到广告制作的要求，在后期修图和设计时还需展示出宁静、古朴的韵味。

2. 实训思路

（1）分析商品图片，确定精修方向。在拍摄商品图片时，摄影师已经选择了暖色调为主色调，并且增加了一些烟雾围绕在商品中，但氛围感还不足，整体画面色调偏暗，手串颜色暗淡，且没有质感，如图5-55所示。后期处理时，应该思考如何让画面色调更加统一，突出手串图像，并营造出宁静的氛围。

（2）调整明暗。加强画面中商品的质感是本实训的关键。由于木质手串的光泽度比较弱，所以在后期修图时需要提升明暗对比度，展示出细节部分，让商品的质感更加强烈，如图5-56所示。

（3）调整色调。浓郁的色调能够更好地展示商品的特性。本例将适当调整黄色和红色，使商品显得更加美观，整个画面也更加通透，如图5-57所示。

图5-55　原图片　　　　　　　　图5-56　调整明暗　　　　　　　　图5-57　调整色调

本实训的参考效果如图5-58所示。

高清彩图

图5-58　参考效果

素材位置： 素材\第5章\商品图片精修

效果位置： 效果\第5章\商品图片精修.psd

3. 步骤提示

步骤 **01** 打开"商品.jpg"素材，依次使用"曲线""色阶""曝光度"命令，调整商品的明暗效果，突出手串的光泽感，增加图像的对比程度。

步骤 **02** 使用"色彩平衡"命令增加黄色和红色在图像中的比重。

步骤 **03** 使用"自然饱和度"命令提升商品整体的鲜艳程度。

步骤 **04** 打开"商品图片背景.psd"素材，将精修后的商品图片拖入背景中，使用"橡皮擦工具" ✍ 擦除图片商品的部分边缘，使商品图片更好地融入背景，然后保存文件，查看完成后的效果。

视频教学：
商品图片精修

5.4.2 设计美丽乡村户外宣传展板

1. 实训背景

"蓉"文化村为响应乡村振兴战略，将制作一张以"美丽乡村"为主题的户外宣传展板，尺寸为80厘米×45厘米，目的在于宣传"蓉"文化村的人文风景，需要有较高的艺术观赏性和传播的实用性。

✎ 设计素养

　　展板是户外广告的重要表现形式，常用的材质有冷压板、高密度板、亚克力等。由于空间有限，所以广告内容不宜过多，切记不宜冗长繁多，一般以图像为主、文字为辅，文字尽量简洁，图像效果最好具有感染性。

2．实训思路

（1）调整照片。查看照片后，可发现照片中阴影和高光分布不合理，阴影过重，且山峦色调偏蓝，湖边植物色调过于偏黄，如图5-59所示。因此需要先提高照片的亮度和对比度，然后将蓝色调和黄色调校正为绿色调，更有利于宣传。

（2）构思展板。在旅游宣传展板设计中，可以融合文字、图像、装饰等多种设计元素来综合展示文化村风采，其展板内容需要包含文化村名称、宣传标语、乡村形象以及一些简短介绍。在配色上，可以以风景照片的绿色为主色，搭配棕色、黄色进行点缀。

高清彩图

（3）调整装饰素材。为了使装饰素材的色调与风景照片更加统一，需要将装饰素材的色调调整为相似的绿色调。

本实训的参考效果如图5-60所示。

图5-59　原照片

图5-60　参考效果

素材位置： 素材\第5章\美丽乡村
效果位置： 效果\第5章\户外宣传展板.psd

视频教学：
设计美丽乡村户
外宣传展板

3．步骤提示

步骤 01 打开"风景.jpg"素材，使用"亮度/对比度""曝光度"和"阴影/高光"命令提高图像亮度和对比度。

步骤 02 使用"色彩平衡""可选颜色"和"色相/饱和度"命令将植物调整为自然的绿色调。

步骤 03 新建尺寸为"80厘米×45厘米"、分辨率为"72像素/英寸"、颜色模式为"CMYK颜色"、名称为"户外宣传展板"的文件。

步骤 04 打开"装饰.psd"素材，将其中的"底"图层拖入新建的文件中。再将调整好的风景照片拖入新建的文件中，并重命名图层为"风景"，按【Alt+Ctrl+G】组合键向下创建剪贴蒙版，调整图像的尺寸和位置。

步骤 05 将"装饰.psd"素材中的其他内容拖入新建的文件中，调整尺寸和位置，使用"色相/饱和度"命令调整装饰素材的色调。

步骤 06 使用"横排文字工具" **T.** 和"直排文字工具" **IT** 输入"描述.txt"素材中的文字，设置合适的字体和颜色，调整文字的位置和大小，然后保存文件。

5.5 课后练习

练习 1 设计清新风格追梦日签

　　日签一般是一些配以图片的格言警句或心情记录，再备注上相应日期的图片。小王用手机拍摄了一张蒲公英的照片，想要将该照片设计成一张关于梦想的日签。为了给人温暖、惬意的感觉，整个日签可采用小清新风格，以淡雅的色彩和明亮的色调为主。设计时，可先为照片调色，增加亮度、自然饱和度，调整阴影和高光，然后添加文字和装饰图形。设计清新风格追梦日签前后的对比效果如图5-61所示。

素材位置： 素材\第5章\蒲公英.jpg

效果位置： 效果\第5章\日签.psd

图5-61　对比效果（一）

练习 **2** 优化照片色调

　　某影楼为顾客拍摄了一组艺术照，但其中有一张照片逆光拍摄，背景光线效果不佳、细节不明显，需要提亮照片色调，调整出清新风格，给人纯洁美好的感受。处理时，可先增加图像暗部、中间调区域的亮度，再增加整体的曝光度，并调整色彩平衡。优化照片色调前后的对比效果如图5-62所示。

素材位置： 素材\第5章\逆光照片.jpg

效果位置： 效果\第5章\逆光.jpg

图5-62　对比效果（二）

第6章 图像抠图

　　抠图是指将需要的素材图像从原图像中分离出来，可以看作搜集素材的一种手段。在常见的广告、宣传单、招贴等平面设计中，常常需要使用没有背景的素材来进行设计，此时就需要用户通过不同的工具、命令，以及通道抠取出需要的部分，再结合文字或者其他素材，制作出符合要求的平面设计作品。

📖 学习目标

◎ 掌握使用工具和命令抠图的方法

◎ 掌握通道抠图的基本操作方法

⬦ 素养目标

◎ 培养良好的抠图习惯，保持认真、细心的态度

◎ 深入理解分析能力在抠图时的作用

◈ 案例展示

美食店宣传单

"世界动物日"招贴

古建筑招贴

6.1
使用工具抠图

使用工具抠图是指通过工具在图像中直接建立选区，然后删除或擦除选区以外的图像。Photoshop中用于抠图的工具使用效果不一，用户可根据使用需要选择合适的工具。

6.1.1 课堂案例——制作数码商品主图

案例说明： 数码商品旗舰店的商品即将参加促销活动，因此需要更新商品主图，以便让更多的消费者知晓此次促销内容，减少沟通成本。为了满足商家需求，需用现有的主图背景和相机图像，制作符合此次活动要求的主图（尺寸为800像素×800像素），突出商品的科技特征，参考效果如图6-1所示。

知识要点： 对象选择工具；快速选择工具；魔棒工具。

素材位置： 素材\第6章\数码商品

效果位置： 效果\第6章\数码商品主图.psd

图6-1 参考效果

设计素养

科技风格通常运用流畅的线条、极简风的元素、组合的几何（圆形、菱形使用较多）图形，配合带有未来感的荧光色系（如商务风的数码科技一般采用蓝色，机械风的数码科技则采用炫酷的高饱和颜色），突出金属感和未来感，给人带来前卫、神秘的视觉感受，使人第一时间联想到电子、未来和科技。

制作数码商品主图的具体操作步骤如下。

步骤 01 打开"相机.jpg"素材，为防止因操作出现失误而破坏原素材，先按【Ctrl+J】组合键复制"背景"图层，得到"图层 1"图层后，再隐藏"背景"图层。

步骤 02 选择"对象选择工具" 🔳，在图像编辑区中将鼠标指针移至相机所在区域，单击鼠标左键，此区域将变成蓝色，如图6-2所示。然后按【Shift+Ctrl+I】组合键反选选区，得到一个除相机以外的选区，如图6-3所示。

步骤 03 按【Delete】键删除选区后，按【Ctrl+D】组合键取消选区。此时，图像编辑区中只存在相机图像，如图6-4所示。

步骤 04 打开"配件1.jpg"素材，使用与步骤2和步骤3相同的方法对配件1进行抠图。

视频教学：
制作数码商品
主图

图6-2　单击相机所在区域　　　　图6-3　反选选区　　　　　　图6-4　删除选区

　　Photoshop 2022版本中的"对象选择工具" 🔲 新增鼠标指针悬停时自动选择功能，用户可将鼠标指针悬停在要抠取的图像上，单击鼠标左键可自动选择该区域。

步骤 05 打开"配件2.jpg"素材，此时可发现图像中配件器材的线条比较圆润，可使用"快速选择工具" 🖌 抠图。复制并隐藏"背景"图层后，选择"快速选择工具" 🖌，在工具属性栏中单击"单击可打开画笔选项"按钮 ● 右侧的下拉按钮 ⌄，设置大小为"40像素"，单击选中"增强边缘"复选框。将鼠标指针移至配件的镜片上，单击鼠标左键，如图6-5所示。

步骤 06 此时，配件所在区域没有被完全选中，按住鼠标左键不放并拖曳选取剩余区域。选择【选择】/【修改】/【收缩】命令，打开"收缩选区"对话框，设置收缩量为"1"，单击 确定 按钮，如图6-6所示。

步骤 07 按【Shift+Ctrl+I】组合键反选选区，然后按【Delete】键删除不需要的区域。

图6-5　单击配件所在区域　　　　　　　　图6-6　设置收缩量

步骤 08 打开"配件3.jpg"素材，由于配件线条棱角分明，因此可使用"魔棒工具" 🪄 抠图。复制并隐藏"背景"图层后，选择"魔棒工具" 🪄，在工具属性栏中设置容差为"120"，单击配件所在区域，如图6-7所示。

步骤 09 此时，配件所在区域没有被完全选中，按住【Shift】键不放，将鼠标指针移至配件所在区域中未选中部分，单击鼠标左键，直到未选中部分被完全选中。

步骤 **10** 选择【选择】/【修改】/【收缩】命令，打开"收缩选区"对话框，设置收缩量为"1"，单击 确定 按钮，最后反选选区，删除不需要的区域。

步骤 **11** 打开"背景图.psd"素材，把抠取的"相机""配件1""配件2""配件3"图像拖曳到"背景图.psd"文件中，调整位置和尺寸，完成后的效果如图6-8所示。按【Ctrl+S】组合键保存文件，并将文件命名为"数码商品主图.psd"。

图6-7　单击配件所在区域　　　　　　　　　　图6-8　完成后的效果

6.1.2　对象选择工具

"对象选择工具" ⬚ 可以理解为利用Photoshop自动判定所选区域内主体图像的一种工具，可用于快速抠取简单图像，如抠取与背景边界清晰、不含毛发的图像。选择"对象选择工具" ⬚，其工具属性栏如图6-9所示，用户只需在所抠取对象的区域内选中该对象任意一部分，Photoshop就会自动选择该区域内的对象。

图6-9　"对象选择工具"的工具属性栏

- 新选区：新选区是使用"对象选择工具" ⬚ 还未选择对象时的默认选项。若图像内只存在唯一对象，单击"新选区"按钮 ⬚ 将自动选择该图像内唯一的对象；若图像中已经存在选区，再选择"对象选择工具" ⬚，Photoshop将自动选中"添加到新选区"按钮 ⬚。其他选区创建方式与选框工具功能相同。
- 对象查找程序：用于通过一次单击选择文档中的多个对象。
- 单击以查找对象选择程序：用于首次打开图像后，单击选中"对象查找程序"复选框，Photoshop将刷新查找程序，⟳ 按钮则会自动旋转。用户修改图像后也可以通过手动单击该按钮刷新查找程序。
- 显示所有对象（按【N】键可切换预览模式）：单击 ⬚ 按钮，可显示图像中所有已被识别出来的对象。所有已被识别出来的对象会变成蓝色的预选区，用户在所需对象的预选区内单击鼠标左键可创建此选区。
- 设置其他选项：单击 ⚙ 按钮，可设置"对象查找程序"。
- 模式：用于设置创建选区的工具为矩形工具，还是套索工具。若选择"矩形"选项，鼠标指针将呈 ⬚ 状态；若选择"套索"选项，鼠标指针将呈 ⬚ 状态。

- **对所有图层取样**：用于在复合图像中进行取样，单击选中"对所有图层取样"复选框后，可将所有可见图层中与选取的颜色相似的色彩加入选区。
- **硬化边缘**：用于强制硬化选区的边缘，使选区边缘更加清晰。
- **提供有关选区结果的反馈**：用于提交选区功能使用心得。
- **选择主体**：用于为图像中最突出的对象创建选区。
- **选择并遮住**：用于进一步调整选区边界。根据不同背景或蒙版查看选区时，也可以使用此功能。

6.1.3 快速选择工具

"快速选择工具" 常用于创建简单的选区，抠取背景单一的图像。选择"快速选择工具" ，其工具属性栏如图6-10所示。

图6-10 "快速选择工具"的工具属性栏

- **单击可打开画笔选项**：单击●按钮，可在打开的"画笔选项"面板中设置画笔的大小、硬度、间距等。
- **设置画笔角度**：用于设置画笔的角度。
- **增强边缘**：用于减少选取对象边界的粗糙度，使边界更加顺滑。

6.1.4 魔棒工具

"魔棒工具" 可选取抠图对象上的某一点，然后Photoshop自动把与这一点颜色相似的点归入选区中，因此使用该工具是抠取纯色背景中的对象最简单的方法之一。选择"魔棒工具" ，其工具属性栏如图6-11所示。

图6-11 "魔棒工具"的工具属性栏

- **取样大小**：用于设置取样点像素的大小。
- **容差**：用于设置颜色取样处的范围，容差的值越大，识别选取颜色相似点的范围就越大。
- **消除锯齿**：用于平滑选取对象的边缘。
- **连续**：用于设置像素的连续取样，单击选中"连续"复选框后，只能选取互为相邻的相似像素；反之，整张图像上相近的颜色都将被选中为选区。

6.1.5 课堂案例——制作美食店宣传单

案例说明：某美食店为了招揽顾客，准备推出一些新菜品，现需要制作尺寸为426毫米×291毫米的宣传单，以吸引更多顾客来店品尝美食。宣传单应结合美食相关元素，突出新菜品的特色，参考效果如图6-12所示。

知识要点：魔术橡皮擦工具；钢笔工具。

素材位置：素材\第6章\美食店宣传单

效果位置：效果\第6章\美食店宣传单.psd

图6-12　参考效果

设计素养

　　宣传单又称宣传单页，是一种用于宣传的印刷物，一般有两种用途：一是用于商业宣传，内容由商品图像和商业信息组成；二是用于义务宣传。目前，宣传单被广泛用于各行各业的宣传推广，设计时应尽量凸显重要信息，便于用户识别。

　　制作美食店宣传单的具体操作步骤如下。

步骤 01 打开"菜品1.jpg"素材，按【Ctrl+J】组合键复制"背景"图层，得到"图层 1"图层，然后隐藏"背景"图层。

步骤 02 选择"魔术橡皮擦工具" ，在工具属性栏中设置容差为"50"，单击选中"消除锯齿"和"连续"复选框。在图像编辑区中将鼠标指针移至菜品的背景图上并单击，如图6-13所示。

视频教学：
制作美食店
宣传单

步骤 03 此时，背景中仍残留部分图像，如图6-14所示。调整容差为"40"，继续将鼠标指针移至背景残留部分并单击，直到删除残留部分。

图6-13　单击背景区域

图6-14　残留背景

　　步骤 04 打开"菜品2.jpg"素材，发现背景比较杂乱，可使用"钢笔工具" 抠图。复制并隐藏"背景"图层。选择"钢笔工具" ，在工具属性栏中设置绘图模式为"路径"，单击选中"自动添加/

删除"复选框，将鼠标指针移至菜品左下角，单击创建锚点，再沿着菜品轮廓按住鼠标左键不放并拖曳绘制一条曲线路径，如图6-15所示。

步骤 05 使用同样的方式沿菜品轮廓继续绘制路径，在绘制时注意区分菜品容器与背景图像。勾勒完菜品轮廓后闭合路径，使用"添加锚点工具" 🖉 与"删除锚点工具" 🖉 调整路径细节，拖曳控制柄调整路径的弧度，使路径形状与菜品轮廓紧密贴合。

步骤 06 在图像编辑区内单击鼠标右键，在弹出的快捷菜单中选择"建立选区"命令，打开"建立选区"对话框，设置羽化半径为"3"，单击选中"消除锯齿"复选框，单击 确定 按钮，如图6-16所示，然后反选选区，删除背景区域。

图6-15 使用钢笔工具

图6-16 绘制路径

步骤 07 打开"菜品3.jpg"素材，使用与步骤4～步骤6相同的方法抠取菜品图像，抠取的效果如图6-17所示。

步骤 08 打开"背景图.psd"素材，把抠取好的"菜品1""菜品2""菜品3"图像拖曳到"背景图.psd"文件中，调整位置和尺寸，如图6-18所示。然后在图像中输入菜品种类和名称后，单击"切换字符和段落面板"按钮🔲，打开"字符"面板，设置字体为"方正粗活意简体"，字号分别为"48点"和"30点"。输入菜品价格，设置字体为"方正超粗黑_GBK"，价格字体大小为"30点"，价格单位的字体大小为"18点"，然后单击"仿斜体"按钮 🇹 。

步骤 09 完成后的效果如图6-19所示，按【Ctrl+S】组合键保存文件，并将文件命名为"美食店宣传单.psd"。

图6-17 抠取的效果

图6-18 调整素材位置与尺寸　　图6-19 完成后的效果

6.1.6 背景橡皮擦工具

"背景橡皮擦工具" 能将像素更改为背景色或透明,"背景橡皮擦工具"的工具属性栏如图6-20所示。若在背景图层或已锁定透明度的图层中使用"背景橡皮擦工具" ,会将像素更改为背景色;若在其他图层中使用"背景橡皮擦工具" ,会将像素更改为透明。

图6-20 "背景橡皮擦工具"的工具属性栏

- **连续**:用于设置取样的方式,也是使用"背景橡皮擦工具" 的默认选项。单击 按钮,拖曳鼠标指针时,Photoshop会随着鼠标指针的移动,连续取样位于画笔中间十字线所在位置的颜色。
- **一次**:用于设置取样的方式,单击 按钮,选择"不连续"选项后,只会擦除含有第一次取样颜色的区域。
- **背景色板**:用于设置取样的方式,单击 按钮,按【Alt】键吸取所要擦除的颜色,选择"背景色板"选项后,只会擦除区域内有取样颜色的区域。
- **限制**:用于选择擦除的限制模式,"不连续"限制模式用于擦除在鼠标指针下面任何位置的样本颜色;"连续"限制模式用于擦除包含样本颜色并且相互连接的区域;"查找边缘"限制模式用于擦除包含样本颜色的连接区域,同时更好地保留抠取对象的边缘锐化程度。
- **保护前景色**:单击选中"保护前景色"复选框,可防止抹除与工具框中的前景色匹配的区域。
- **压感设置**:单击"压感设置"按钮 后,始终对"画笔预设" 下拉列表中的"大小"下拉列表里各个选项使用"压力";未单击"压感设置"按钮 时,"画笔预设" 控制"压力"。

6.1.7 魔术橡皮擦工具

"魔术橡皮擦工具" 能将像素更改为透明,因此可以把含有非相似颜色的像素区域从图像中分离出来。"魔术橡皮擦工具" 与"魔棒工具" 相似,然而"魔术橡皮擦工具" 是将取样区域直接删除,而"魔棒工具" 是将选中的区域创建为选区。选择"魔术橡皮擦工具" ,其工具属性栏如图6-21所示。

图6-21 "魔术橡皮擦工具"的工具属性栏

- **连续**:用于设置擦除图像区域的范围。单击选中"连续"复选框,然后在擦除图像时,Photoshop只擦除与单击区域颜色临近的颜色;取消选中"连续"复选框,可以擦除图像中所有相似颜色。
- **对所有图层取样**:用于设置擦除图层区域的范围。单击选中"对所有图层取样"复选框,将擦除所有可见图层中的所有相似颜色。
- **不透明度**:用于设置填充的不透明度。

如何判断应该使用魔术橡皮擦工具还是背景橡皮擦工具？

　　魔术橡皮擦工具适用于抠取对象与背景颜色反差大而背景颜色又都比较相似的、对象轮廓较清晰的图像，是单击一次便可擦除区域内相似颜色的工具；背景橡皮擦工具更适用于抠取对象轮廓相对精细的图像，是一种与画笔的绘制相似的工具。

6.1.8　钢笔工具

　　"钢笔工具" ✎.除用在绘制矢量图形上外，也可用在精确抠图上。使用"钢笔工具" ✎.抠图的方法：先围绕抠取对象的轮廓绘制路径，再闭合路径，创建选区，最后分离抠取对象和背景。

　　在绘制路径时，若锚点偏离了轮廓，除了按【Ctrl+Z】组合键撤销此操作外，也可以按【Ctrl】键切换为"直接选择工具" ▶，将锚点拖回到轮廓线上；若要调整锚点方向，可以按【Alt】键切换为"转换点工具" ▶，将锚点调整到想要的方向。

　　使用"钢笔工具" ✎.进行抠图时，如果要调整图像编辑区中图像的显示比例，可以按【Ctrl++】组合键或【Ctrl+-】组合键放大或缩小图像显示比例。按住空格键，鼠标指针将呈 ✋ 状态，在图像编辑区中拖曳鼠标指针还可移动画面的位置，以便于精细抠图。

技能
提升

　　图6-22所示为某设计师制作有声读物封面的过程，请结合本小节所讲知识进行分析与练习。

高清彩图

图6-22　某设计师制作有声读物封面的过程

　　（1）制作该封面时，可以运用哪些工具抠取图像，可以运用哪些命令提升抠图效果？

_____

_____

_____

　　（2）根据你的分析，利用提供的素材（素材位置：素材\第6章\有声读物）动手实践，以验证猜想是否有误。

效果示例

6.2

使用命令抠图

使用命令抠图可以通过Photoshop的自动运算功能在主体明确的图像中为主体建立选区。用户选择命令时应先对图像特征进行分析，如：主体单一的图像可使用"主体"命令抠图；对象颜色与背景颜色差异大的图像可使用"色彩范围"命令抠图。

6.2.1 课堂案例——制作"世界动物日"招贴

案例说明： 某动物园为了迎接即将到来的"世界动物日"，准备制作一则招贴，以便向游客宣传保护动物的相关知识。为了提升招贴的感染力，需要在招贴中添加真实的动物图像，结合背景图素材，突出保护动物的主题，招贴尺寸为508毫米×762毫米，参考效果如图6-23所示。

知识要点： "焦点区域"命令；"选择并遮住"命令；"主体"命令；"色彩范围"命令。

素材位置： 素材\第6章\"世界动物日"招贴

效果位置： 效果\第6章\"世界动物日"招贴.psd

高清彩图

图6-23 参考效果

✒ 设计素养

"世界动物日"最早可追溯到意大利人弗朗西斯，到了1931年许多生态学家召开会议提议将每年的10月4日设立为"世界动物日"。"世界动物日"发展至今已不只是倡议保护濒危生物，而是倡议对所有的动物抱有仁慈之心，关心和爱护它们。用户在设计带有公益性的作品时要注意：寻找好的创意切入点，突出主题，紧密结合创意和主题，以及使用具有代表性的元素等。

制作"世界动物日"招贴的具体操作步骤如下。

步骤 01 打开"动物1.jpg"素材，复制并隐藏"背景"图层。选择【选择】/【焦点区域】命令，打开"焦点区域"对话框，在"视图"下拉列表中选择"叠加"选项，保持"自动"复选框被选中的状态，Photoshop将自动识别图像中的焦点区域并将"焦点对准范围"参数调到最佳位置，红色区域即识别区域，如图6-24所示。

步骤 02 此时，动物脚部下方区域还未被识别，将鼠标指针移至该区域，按住【Alt】键不放并绘制，绘制至除动物所在区域外都被红色覆盖后结束此操作，如图6-25所示。

视频教学：
制作"世界动物日"招贴

图6-24　使用"焦点区域"命令

图6-25　绘制未识别区域

🔔 **提示**

若红色区域过多，可单击"焦点区域减去工具"按钮 ☑ ，然后按住【Alt】键不放并在过多区域上绘制，Photoshop将自动减去这些区域。

步骤 03 单击 选择并遮住(L)... 按钮，切换"选择并遮住"工作界面，使用"调整边缘画笔工具" ☑ 在狐狸的毛发边缘处和爪部阴影处绘制，去除残余的背景，如图6-26所示。在右侧的"输出设置"/"输出到"下拉列表中选择"新建带有图层蒙版的图层"选项，抠取的效果如图6-27所示，按【Enter】键确认。

步骤 04 打开"动物2.jpg"素材，复制并隐藏"背景"图层。选择【选择】/【主体】命令，Photoshop将自动选取主体，图像中的鹦鹉被创建选区，如图6-28所示。然后反选选区，删除背景区域，完成抠图。

图6-26　去除残余背景

图6-27　抠取的效果

图6-28　创建选区

步骤 05 打开"动物3.jpg"素材，复制并隐藏"背景"图层。选择【选择】/【色彩范围】命令，打开"色彩范围"对话框，设置颜色容差为"40"，在"选区预览"下拉列表中选择"快速蒙版"选项，如图6-29所示，此时图像将被红色覆盖。

步骤 06 将鼠标指针移至对象所在区域，鼠标指针变成 ✐ 形状，单击以吸取对象区域颜色，此时被选中的区域恢复原本颜色。单击"添加到取样"按钮 ✐ 或"从取样上减去"按钮 ✐ ，反复调整红色取样区，直到对象身上基本没有红色区域，如图6-30所示。单击 确定 按钮，此时背景被创建选区，然后删除背景区域，若存在残留部分，可使用背景橡皮擦工具进行擦除。

步骤 07 打开"背景图.psd"素材，把抠取好的"动物1""动物2""动物3"图像拖曳到"背景图.psd"文件中，调整位置和尺寸，按【Ctrl+Shift+S】组合键保存文件，并将文件命名为"'世界动物日'招贴.psd"，完成后的效果如图6-31所示。

图6-29　使用"色彩范围"命令

图6-30　调整选中区域的范围

图6-31　完成后的效果

6.2.2　焦点区域

"焦点区域"命令适用于抠取主体清晰而背景模糊的图像，也适用于抠取对象毛发间存在背景颜色的图像。选择【选择】/【焦点区域】命令，打开"焦点区域"对话框，在"视图"下拉列表中选择所需的视图模式选项，单击选中"自动"复选框，如图6-32所示，Photoshop将快速且自动分析位于焦点的对象的区域或像素，将以外的区域或像素选中，并用红色区域覆盖后抹除。

图6-32　"焦点区域"对话框

- 工具："缩放工具" 🔍用于调整位于图像编辑区中图像显示的尺寸；"抓手工具" ✋用于移动位于图像编辑区中图像的位置；"焦点区域添加工具" 用于添加焦点区域；"焦点区域减去工具" 用于减去焦点区域。

- 视图：用于选择视图模式，方便观察选择效果。"闪烁虚线"选项用于查看带有标准选区边界的选区；"叠加"选项用于将选区作为快速蒙版查看；"黑底"选项用于在黑色背景上查看选区；"白底"选项用于在白色背景上查看选区。"黑白"选项用于将选区作为蒙版查看；"图层"选项用于查看被选区蒙版的图层，即选择该选项后，背景显示为透明（背景用灰白方格显示）；"显示图层"选项用于在未使用蒙版的情况下查看整个图层。

- 预览：用于查看所选择视图模式的缩略图。

- 焦点对准范围：用于优化焦点区域。

- 图像杂色级别：用于在含杂色的图像中选定过多背景时，增加图像的杂色级别。

- 自动：用于Photoshop自动判定合适的参数值。

- 输出到：用于设置选区的输出方式，以及抹除选区边缘的杂色。

- 柔化边缘：用于轻微羽化对象的边缘。

- 选择并遮住：用于切换到"选择并遮住"工作区。

6.2.3 选择并遮住

"选择并遮住"命令适合抠取带有毛发、羽毛的细致图像，可以与其他工具和命令混用，如使用"快速选择工具" 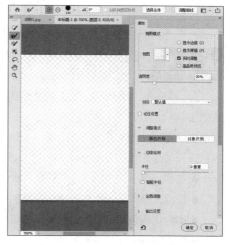 建立粗略选区，然后使用"选择并遮住"命令进行细化选择，以便更加精确地抠取对象。选择【选择】/【选择并遮住】命令，打开"选择并遮住"工作界面，如图6-33所示，可以在其中编辑选区和抠取图像，也可对工作区内的图像进行羽化、扩展、收缩和平滑等处理。

图6-33 "选择并遮住"工作界面

- **调整边缘画笔工具**："调整边缘画笔工具" 用于抹除细碎毛发、羽毛间的背景图像，是"选择并遮住"工作界面中主要的功能之一。

- **调整细线**：用于查找并调整选定区域周围的细线，采用"对象识别模式"可达到非常好的效果。

- **"视图模式"栏**：视图用于选择视图模式，方便观察效果，与"焦点区域"命令的视图模式相比，少"显示图层"选项，多"洋葱皮"选项，"洋葱皮"选项用于以被选区透明蒙版的方式查看图层。"显示边缘"复选框用于显示调整区域；"显示原稿"复选框用于查看原始选区；"实时调整"复选框用于时刻调整图像编辑区内的图像；"高品质预览"复选框用于高质量显示图像编辑区内的图像。

- **预设**：用于保存当前参数设置，以便之后使用。

- **记住设置**：用于将当前设置的参数保存为模板，再次使用"选择并遮住"命令时可自动使用此次设置的参数，否则将还原设置。

- **调整模式**：用于设置"边缘检测""调整细线""调整边缘画笔工具" 的边缘调整方法。展开"调整模式"栏，"颜色识别"适用于对象与背景对比大的图像，"对象识别"适用于背景复杂且含有毛发的图像。

- **边缘检测**：用于绘制对象选区的边缘，与"调整边缘画笔工具" 类似。展开"边缘检测"栏，"半径"用于调整选区边缘半径大小，拖曳下方滑块可调整大小；"智能半径"用于使选区边缘半径大小自动适应选区边缘。

- **全局调整**：用于细致调整选区边缘。展开"全局调整"栏，如图6-34所示，"平滑""羽化""对比度""移动边缘"用于优化选区边缘；"清除选区"和"反相"用于选择当前选区以外的区域。

- **输出设置**：用于设置抠图完毕后的输出方式，如图6-35所示。"净化颜色"用于移除图像的色彩边；"数量"用于设置从图像移除的色彩数量。

图6-34 "全局调整"栏　　图6-35 "输出设置"栏

6.2.4 主体

"主体"命令适合抠取主体明确且与背景有反差的图像，日常生活中常用于快速置换证件照背景。选择【选择】/【主体】命令，Photoshop可以自动识别图像中的主体，并为其创建选区。

6.2.5 色彩范围

"色彩范围"命令可以通过设置色彩范围抠取图像，也可以配合其他工具使用，如已经使用其他工具选中或创建选区，可再使用此命令在该选区中吸取色彩进行抠取。选择【选择】/【色彩范围】命令，打开"色彩范围"对话框，如图6-36所示。

图6-36 "色彩范围"对话框

- 选择：用于从图像中选取颜色，或者使用预定义的颜色范围。
- 检测人脸：用于更精准地选择肤色。
- 本地化颜色簇：用于进行连续选择。
- 颜色容差：用于设置选区边界外的衰减。
- 范围：用于调整选区范围。
- 选择范围：用于查看选区蒙版。
- 图像：用于查看图像。
- 选区预览：用于设置选区在图像编辑区中的预览方式。

技能提升

图6-37所示为抠取运动员图像制作商品Banner的前后对比效果，请结合本小节所述的知识，分析该Banner并进行练习。

高清彩图

图6-37 抠取运动员图像制作商品Banner的前后对比效果

（1）运动员图像可以使用本小节所学的哪些命令抠取？分析原因并填在横线上。

效果示例

_____

_____

_____

（2）利用提供的人像素材（素材位置：素材\第6章\Banner）进行抠图，验证第（1）题的猜想，锻炼分析力和判断力。

使用通道抠图

使用Photoshop抠图时，若难以精准地选取图像，往往需要先调整图像的对比度再进行抠图。此时，就可以使用通道功能来精准选取所要抠取的对象，快速完成抠图操作。

6.3.1　课堂案例——制作网站登录页

案例说明：某婚纱摄影公司需要制作官方网站登录页，以便用户浏览网页时有良好的观感。同时，为了提高新品婚纱的宣传度，需要将模特身穿新品婚纱的图像展示在网页登录页中，以吸引用户目光。制作时，可结合婚纱相关的素材，突出婚纱高贵、典雅的气质，参考效果如图6-38所示。

知识要点：通道基本操作；通道运算。

素材位置：素材\第6章\网站登录页

效果位置：效果\第6章\网站登录页.psd

高清彩图

图6-38　参考效果

制作网站登录页的具体操作步骤如下。

步骤 01 打开"婚纱.jpg"素材，复制并隐藏"背景"图层。选择【窗口】/【通道】命令，打开"通道"面板，单击查看各个颜色通道，可发现"蓝"通道中图像对比度更强。

步骤 02 将鼠标指针移至"通道"面板上的"蓝"通道上方，单击鼠标右键，在弹出的快捷菜单中选择"复制通道"命令，得到"蓝 拷贝"通道。此时，图像编辑区中只显示"蓝 拷贝"通道的画面。

视频教学：
制作网站登录页

步骤 03 选择【图像】/【应用图像】命令，打开"应用图像"对话框，单击选中"反相"复选框，在"混合"下拉列表中选择"深色"选项，单击 确定 按钮，如图6-39所示。

步骤 04 选择【图像】/【计算】命令，打开"计算"对话框，在"混合"下拉列表中选择"亮光"选项，单击 确定 按钮，如图6-40所示。

步骤 05 此时，通道面板中将自动生成"Alpha1"通道。而在图像编辑区中可发现人物脸部、头发还有一些白色存在，人物背景中还残留一些黑色区域，如图6-41所示。使用"画笔工具" ✐ 将人物脸部、头发完全涂黑，将背景完全涂白，如图6-42所示。

步骤 06 单击"通道"面板底部的"将通道作为选区载入"按钮，从"蓝 拷贝"通道中载入选区，然后单击"RGB"通道，隐藏"蓝 拷贝"通道和"Alpha1"通道。

图6-39 "应用图像"对话框

图6-40 "计算"对话框

图6-41 留有黑色区域

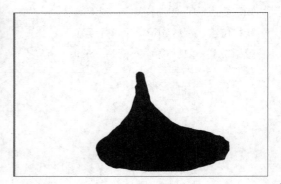

图6-42 涂色

> 🔔 **提示**
>
> 为了提高抠图效率，可使用快捷键快速选择通道，用于切换图像显示效果。按【Ctrl+2】组合键可快速选择"RGB"通道，按【Ctrl+3】组合键可快速选择"红通道"，按【Ctrl+4】组合键可快速选择"绿"通道，按【Ctrl+5】组合键可快速选择"蓝"通道。

步骤 07 切换到"图层"面板，按住【Alt】键不放同时单击"图层"面板底部的"添加图层蒙版"按钮，基于选区创建一个反相的图层蒙版，如图6-43所示。

步骤 08 打开"背景.psd"素材，把抠取的"婚纱"图像拖曳到文件中，调整位置和尺寸，此时发现图像在背景中有些偏暗，选择【图像】/【调整】/【亮度/对比度】命令，打开"亮度/对比度"对话框，设置亮度为"8"，对比度为"17"，单击 确定 按钮。

步骤 09 若婚纱和头纱边缘仍存在一些残留的深色背景，可选中图层右侧的图层蒙版，设置前景色为"黑色"，选择"画笔工具"，在工具属性栏中设置不透明度为"50%"，绘制残留的深色背景。

步骤 10 按【Ctrl+Shift+S】组合键保存文件，并将文件命名为"网站登录页.psd"，完成后的效果如图6-44所示。

图6-43　创建图层蒙版效果

图6-44　完成后的效果

6.3.2　认识通道

通道是存放颜色和选区信息的渠道。通道所需的文件大小由通道中的像素信息决定，在Photoshop中一个文件最多可以有56个通道。

1. 通道的分类

通道可以分为颜色通道、Alpha通道和专色通道3种。颜色通道是在打开或创建一个新的文件后，Photoshop默认在"通道"面板中自动创建的；而Alpha通道和专色通道都需要手动创建。

- 颜色通道：用于记录图像颜色信息。
- Alpha通道：用于将选区存储为灰度图像。
- 专色通道：用于印刷专色油墨。

2. 通道抠图的原理

通道抠图的原理是用户在"通道"面板中可以分别调整每条颜色通道的明暗度、对比度，从而方便选取图像。在通道显示的画面中，黑色区域代表此区域完全没有被选择，白色区域代表此区域被完全选择，而灰色区域的被选择程度是由灰色深浅程度决定的，如图6-45所示。

图6-45　通道显示的画面

6.3.3　通道基本操作

用户掌握通道的基本操作知识后，就可以利用"通道"面板对通道进行操作。选择【窗口】/【通道】命令，打开"通道"面板，如图6-46所示，在该面板中用户可以新建通道、复制与删除通道、分离和合并通道，以及进行通道与选区的转换等。

1. 新建通道

单击"通道"面板右上角的▤按钮，在弹出的下拉列表框中可以选择创建新通道（Alpha通道）或者专色通道；或单击面板下方的"创建新通道"按钮⊞创建新的Alpha通道。

图6-46　"通道"面板

2. 复制与删除通道

在处理通道时，为了不影响原通道中的信息，通常需要先复制所要编辑的通道。

- **通过拖曳鼠标指针**：选择所要复制的通道，然后将通道拖曳到"通道"面板下方的"创建新通道" 🗷 按钮上。
- **通过▤按钮**：选择所要复制的通道，单击面板右上角的▤按钮，在弹出的下拉列表框中选择"复制通道"命令。
- **通过鼠标右键**：选择所要复制的通道，单击鼠标右键，在弹出的快捷菜单中选择"复制通道"命令。

用户在对通道进行操作时，可以删除不需要的通道以免出现操作失误。

- **通过拖曳鼠标指针**：选择所要删除的通道，然后将通道拖曳到"通道"面板下方的"删除当前通道" 🗑 按钮上。
- **通过▤按钮**：选择所要删除的通道，单击面板右侧的▤按钮，在弹出的下拉列表框中选择"删除通道"命令。
- **通过鼠标右键**：选择所要删除的通道，单击鼠标右键，在弹出的快捷菜单中选择"删除通道"命令。

3. 分离和合并通道

当素材文件较大时，可先分离通道，再对各通道进行操作，以便提高效率。由于分离出来的通道文件将以灰度模式显示，处理完成后还需将分离出的通道文件合并，才能查看处理后的颜色效果。

- **分离通道**：打开素材文件后，单击"通道"面板右上角的▤按钮，在弹出的下拉列表框中选择"分离通道"命令。分离出的文件个数受图像的颜色模式影响，分离出的文件信息则与原文件各颜色通道的信息一致。
- **合并通道**：（以RGB颜色通道举例）任意选择一个分离出来的文件，单击面板右上角的▤按钮，在弹出的下拉列表框中选择"合并通道"命令，打开"合并通道"对话框，在"模式"下拉列表中选择"RGB颜色"选项，单击 ▣ 按钮。打开"合并 RGB 通道"对话框，保持指定通道的默认设置，单击 ▢确定 按钮，完成通道合并，如图6-47所示。

图6-47　通道合并

4. 通道与选区的转换

通道可以作为选区载入"图层"面板中，而选区也可以通过通道存储在"通道"面板中，两者相互配合可以更好地利用通道处理图像。

- **将通道作为选区载入**：单击"通道"面板底部的"将通道作为选区载入"按钮 ⬚ 可将当前通道中的图像内容转换为选区，并将选区内的图像切换到"图层"面板里显示。
- **将选区存储为通道**：创建选区后，单击"通道"面板底部的"将选区存储为通道"按钮 ▣ 可以自动创建Alpha通道，并保存图像中的选区。

6.3.4　通道运算

通道运算是指通过"通道"面板的各项功能，搭配"应用图像"命令或"计算"命令进行运算的方式。这种方式相较于只用通道进行抠图，更能精准地抠取对象，从而有效提升用户的抠图效率。

1．"应用图像"命令

"应用图像"命令能将所需图像的图层或通道（源）与其他图像（目标）的图层或通道混合。将需要混合通道的两幅图像放置在一个图像文件的不同图层中，然后选择所要操作的图层，选择【图像】/【应用图像】命令，打开"应用图像"对话框，如图6-48所示，在其中对源、图层、通道、反相、混合、不透明度、保留透明区域和蒙版等进行设置，然后单击 确定 按钮进行运算。

图6-48　"应用图像"对话框

- 源：用于选择要与目标混合的源图像。
- 图层：用于选择要与目标混合的图层。
- 通道：用于选择要与目标混合的通道。
- 反相：用于使通道中的图像先反相，再进行混合。
- 混合：用于选择通道的混合模式。
- 不透明度：用于设置所运用混合模式的强度。
- 保留透明区域：用于将结果应用到结果图层的不透明区。
- 蒙版：用于选择是否与蒙版混合使用。

2．"计算"命令

使用"计算"命令可以对两条通道的相应像素进行运算，然后在单个通道中组合运算结果。单击选中所要操作的通道，选择【图像】/【计算】命令，打开"计算"对话框，如图6-49所示，在其中对源1、源2、混合、不透明度、蒙版等进行设置，在"结果"下拉列表中选择计算结果的输出位置，单击 确定 按钮，可进行运算并生成新的Alpha通道。

图6-49　"计算"对话框

技能提升

图6-50所示为2张运用通道抠图的图像，试着分析这些图像的共同点，总结通道抠图的特点。

高清彩图　　效果示例

图6-50　运用通道抠图的图像

6.4 课堂实训

6.4.1 制作女装 Banner

1. 实训背景

某女装品牌想通过平台发起的"新概念服饰"的主题营销活动，提高网店女装商品的销量。现需要制作一幅尺寸为1200像素×500像素的女装Banner，要求广告内容契合主题，体现出商品风格优雅、简洁大方的卖点，并且带给消费者颇具创意的视觉感受，最终提升商品的浏览量和成交率。

2. 实训思路

（1）确定主题。由于活动主题为"新概念服饰"，活动目的为提高商品销量。因此，这里可将Banner的主题确定为"新概念 新设想"，然后适当进行布局，如图6-51所示。

（2）抠取人像。观察服饰照片后，可发现模特轮廓和背景的边界较清晰并且头发轮廓较为整齐，可选择"对象选择工具" ，利用其自动判定区域内图像的功能，快速抠取人像。若未能一次全选人像区域，可使用"快速选择工具" 拖曳鼠标指针选取余下区域。人像区域全部被选取后，再使用"收缩"命令平滑人像边缘，参考效果如图6-52所示。

图6-51 确定主题

图6-52 抠取人像参考效果

（3）丰富整体。编排风格可以采用穿插叠图的方式，文字选择观感雅致的字体，再添加一些装饰元素，如绿叶、线条等，最终参考效果如图6-53所示。

高清彩图

图6-53 最终参考效果

素材位置： 素材\第6章\女装Banner

效果位置： 效果\第6章\女装Banner.psd

3. 步骤提示

步骤 01 打开"服饰.jpg"素材，复制并隐藏"背景"图层。选择"对象选择工具" ，在工具属性栏中单击选中"增强边缘"复选框，将鼠标指针移至人像上单击。

步骤 02 此时人像区域尚未被完全选中，选择"快速选择工具" ，将鼠标指针移至未选中的区域，再选取该区域。

步骤 03 选择【选择】/【修改】/【收缩】命令，打开"收缩选区"对话框，设置收缩量，单击 确定 按钮。反选选区，然后删除被选择区域。

步骤 04 打开"背景.psd"素材，将抠取的素材拖曳到当前编辑的背景图像中，调整素材尺寸和位置。选择"横排文字工具" **T.**，输入"文本信息.txt"素材内的文字，分别设置文字的字体、字号、颜色等。

步骤 05 为了丰富画面，在"新设想"文字上方绘制点状线条，并使点状线条与文字对齐；为"立刻行动"文字绘制一个圆角矩形。

步骤 06 按【Ctrl+Shift+S】组合键保存文件，并将文件命名为"女装Banner.psd"。

视频教学：
制作女装
Banner

6.4.2 制作古建筑招贴

1. 实训背景

现有一家以古建筑为特色的主题乐园，需要在线下张贴招贴，以提升知名度，吸引游客前来游玩，要求该招贴尺寸为508毫米×762毫米，主题明确且展现出古建筑的魅力。

2. 实训思路

（1）确定风格。由于主题乐园以古建筑为特色，因此招贴的设计风格可采用中式风格。在设计中可以借助古建筑、中式编排、书法字体等元素，色彩上运用中式传统色彩，从而制作出饱含中式特色的招贴，使游客产生文化认同感。

（2）构思画面。主题乐园由古建筑群构成，因此招贴主体可以采用古建筑的一角，制作时将其重点体现，配合精练、简短的文字构成整个画面。

（3）抠取图像。观察照片后发现建筑物棱角较多，为了确保棱角完整，可使用通道抠图。选择对比度较大的通道后，使用"色阶"命令调整建筑与背景的对比度，如图6-54所示。此时，若建筑区域还存在白点等区域，可使用"画笔"工具 将这些区域全部涂黑后，再将通道载入选区，创建蒙版，删除背景区域，完成抠图。

（4）排版设计。在排版上可以运用留白体现出中式的含蓄美。而文字框可以与文字进行穿插排布。文字排列可以不单一选择，而是将横排与直排相结合，丰富画面的效果，减少单调感，如图6-55所示。

本实训的参考效果如图6-56所示。

素材位置： 素材\第6章\古建筑招贴

效果位置： 效果\第6章\古建筑招贴.psd

高清彩图

图6-54　调整通道　　　　图6-55　排版设计　　　　图6-56　参考效果

视频教学：
制作古建筑招贴

3. 步骤提示

步 骤 01 打开"建筑.jpg"素材，复制并隐藏"背景"图层。打开"通道"面板，选中"蓝"通道，单击鼠标右键，在弹出的快捷菜单中选择"复制通道"命令。

步 骤 02 选择【图像】/【调整】/【色阶】命令，打开"色阶"对话框，设置参数，单击 确定 按钮。使用"画笔"工具 ✔ 将建筑物完全涂黑。

步 骤 03 将"蓝 拷贝"通道拖曳到"将通道作为选区载入"按钮 ⬚ 上，返回"图层"面板，按住【Alt】键不放同时单击"添加图层蒙版"按钮，此时除建筑物以外的区域被隐藏，得到抠取的建筑物。

步 骤 04 打开"背景.psd"素材，将抠取的素材拖曳到当前编辑的背景图像中，调整素材尺寸和位置。使用"直排文字工具" ⅠT 输入文字，设置文字字体、字号、颜色等。

步 骤 05 为了丰富画面，在"主题乐园"文字下方和"欢迎你"文字两侧添加装饰元素，然后按【Ctrl+Shift+S】组合键保存文件，并将文件命名为"古建筑招贴.psd"。

6.5 课后练习

练习 **1** 制作旅行 Vlog 视频封面

某旅游博主制作了一期关于青岛旅行的Vlog视频，上传到平台时需要设置视频封面。为了加深视频给观众的第一印象，决定使用在青岛拍摄的照片单独设计封面。制作时，可以利用抠图工具、命令、通道等来抠取人物，然后配合文字丰富画面，制作完成后的参考效果如图6-57所示。

素材位置：素材\第6章\旅行Vlog视频封面

效果位置：效果\第6章\旅行Vlog视频封面.psd

高清彩图

图6-57　参考效果（一）

练习 2　制作端午节推文封面

　　某公众号运营人员准备更新一篇关于端午节的推文，需要制作推文封面图，以提高推文的点击率，同时推广我国的传统节日。为了让更多订阅者了解端午节的相关知识，可以在设计中添加与节日相关的素材，素材的抠取可通过"通道"面板、"应用图像"命令、"计算"命令、"快速选择工具" 等进行，然后调整抠取后素材的位置与尺寸，最后和背景图像进行拼贴。拼贴时，为素材适当添加阴影能使封面整体效果更加和谐，参考效果如图6-58所示。

　　素材位置：素材\第6章\端午节推文封面

　　效果位置：效果\第6章\端午节推文封面.psd

高清彩图

图6-58　参考效果（二）

第 **7** 章 修饰与修复图像

修饰与修复图像主要是指调整图像局部的亮度和色彩饱和度、调整图像的锐化程度，以及处理图像的各种瑕疵等。Photoshop提供了多种修饰与修复图像的工具，主要有图章工具组、修复工具组、模糊工具组和减淡工具组等，掌握这些工具的使用方法将有利于图像的后期处理。

▌ 📖 **学习目标**

 ◎ 掌握修饰工具的使用方法
 ◎ 掌握修复工具的使用方法

▌ ✧ **素养目标**

 ◎ 培养修图时的审美能力，学会欣赏美、珍惜美
 ◎ 不过度修饰图像，保持诚信的良好品德

▌ ◈ **案例展示**

美化商品图像

制作饮品海报

修饰图像

在Photoshop中修饰图像可以使用模糊工具、锐化工具、加深工具、减淡工具、涂抹工具和海绵工具等，通过降低或增强图像的模糊度、对比度和饱和度等，使图像变得更加美观。

7.1.1　课堂案例——美化商品图像

案例说明： 夏季来临，某餐饮店推出了消夜服务，主打商品为烧烤。为了让消费者了解该项服务，商家拍摄了烧烤实物图片用于宣传，现要求对拍摄的图片进行美化处理，然后添加主题文字制作成海报，以便起到宣传的作用，参考效果如图7-1所示。

知识要点： 海绵工具；锐化工具；涂抹工具。

素材位置： 素材\第7章\烧烤.jpg

效果位置： 效果\第7章\美化商品图像.psd

高清彩图

图7-1　参考效果

✐ 设计素养

调整商品图片的色调时，首先，要调整出图像的层次感，也就是调整明暗度，因为较好的光影才能使画面显得更加高级；其次，要调整画面中的色彩饱和度和解决偏色问题，从而统一画面整体色调。

美化商品图像的具体操作步骤如下。

步骤 01 打开"烧烤.jpg"素材，如图7-2所示，通过观察可以发现，该图像存在颜色暗淡、食物图像不能够吸引消费者等问题，下面将对该图像进行调整。

步骤 02 选择【图像】/【调整】/【曲线】，打开"曲线"对话框，在曲线中上方位置单击，按住鼠标左键不放并向上拖曳，如图7-3所示。

视频教学：
美化商品图像

步骤 03 单击 确定 按钮，得到调整后的图像，画面整体亮度得到提升，效果如图7-4所示。

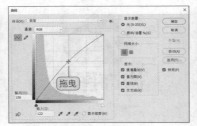

图7-2　打开图像素材　　　　图7-3　调整曲线　　　　图7-4　调整曲线后的效果

步骤 04 选择【图像】/【调整】/【自然饱和度】，打开"自然饱和度"对话框，分别设置自然饱和度和饱和度为"35""20"，如图7-5所示。

步骤 05 单击 确定 按钮，得到增加图像饱和度后的图像，效果如图7-6所示。

图7-5　调整自然饱和度　　　　　　　　　　图7-6　效果

步骤 06 选择"锐化工具" ，在工具属性栏中设置画笔大小为"80"，在"模式"下拉列表中选择"正常"选项，再设置强度为"50%"。

步骤 07 设置好工具属性栏参数后，对画面中的肉串图像进行涂抹，反复操作以加强锐化效果，如图7-7所示。

步骤 08 选择"海绵工具" ，在工具属性栏中设置画笔大小为"90"，在"模式"下拉列表中选择"加色"选项，再设置流量为"50%"，然后对画面中的肉串图像进行涂抹，加深该部分图像颜色，如图7-8所示。

图7-7　锐化图像　　　　　　　　　图7-8　加深图像局部颜色

步骤 09 单击"图层"面板底部的"创建新图层"按钮 ，新建一个图层。

步骤 10 设置前景色为"白色"，选择"画笔工具" ，在工具属性栏中选择画笔样式为"柔边圆"、设置画笔大小为"100像素"，如图7-9所示。

步骤 11 在图像两侧绘制几条白色柔和线条，如图7-10所示。

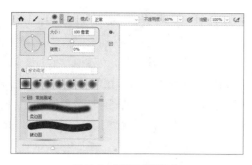

图7-9　设置画笔样式

图7-10　绘制线条

步骤 12 选择"涂抹工具" ，在工具属性栏中设置画笔大小为"125"，在"模式"下拉列表中选择"正常"选项，再设置强度为"40%"，然后在白色图像周围涂抹，图像将随着笔触拖曳位置变化，如图7-11所示。

步骤 13 调整画笔大小，反复在白色图像中涂抹，得到烟雾效果，如图7-12所示。

图7-11　使用涂抹工具

图7-12　涂抹图像

🔔 **提示**

使用"涂抹工具" 可以对图像局部做加色和去色处理，而不会影响其他图像，这样操作更能起到突出主体的作用。

步骤 14 在"图层"面板中设置该图层不透明度为"80%"，然后选择"橡皮擦工具" ，在工具属性栏中设置不透明度为"50%"，擦除部分烟雾图像，如图7-13所示。

步骤 15 打开"文字.psd"素材，使用"移动工具" 将素材拖曳到当前编辑的文件中，放到画面右侧，如图7-14所示。按【Ctrl+S】组合键保存文件。

图7-13　擦除图像

图7-14　添加文字内容

7.1.2 模糊工具和锐化工具

"模糊工具" ○可柔化图像的边缘和图像中的细节；"锐化工具" △可以提高图像与相邻像素之间的对比度。选择这两种工具后，在图像中按住鼠标左键不放并拖曳涂抹即可处理图像。

使用"模糊工具" ○时，如果反复涂抹图像上的同一区域，将会使该区域图像变得更加模糊；使用"锐化工具" △反复涂抹同一区域，则会使其变得更加清晰，甚至失真。这两个工具的工具属性栏的参数基本相同，如选择"锐化工具" △，其工具属性栏如图7-15所示。

图7-15 "锐化工具"的工具属性栏

- **画笔预设**：用于选择笔尖样式。模糊或锐化区域的大小取决于画笔的大小。
- **切换"画笔设置"按钮**：单击 按钮将打开"画笔设置"面板，在面板中可以设置画笔大小和样式。
- **模式**：用于设置模糊或锐化后的混合模式。
- **强度**：用于设置模糊或锐化强度。
- **角度**：用于设置画笔角度。
- **对所有图层取样**：单击选中"对所有图层取样"复选框，可以从复合数据中取样仿制数据。
- **保护细节**：单击选中"保护细节"复选框，可以增强细节。如果要制作较夸张的锐化效果，应取消选中该复选框。

7.1.3 加深工具和减淡工具

"加深工具" ○用于对图像的局部颜色进行加深，使用该工具在某一区域涂抹的次数越多，该区域图像颜色也就越深。"减淡工具" ○用于为图像局部降低颜色对比度、中性调、暗调等，使用该工具在某一区域涂抹的次数越多，该区域图像的颜色也就越淡。这两个工具的工具属性栏参数与使用方法基本相同，如选择"减淡工具" ○，其工具属性栏如图7-16所示。

图7-16 "减淡工具"的工具属性栏

- **范围**：用于设置修改的色调。若选择"中间调"选项，将只修改图像的中间色调；若选择"阴影"选项，将只修改图像的暗部区域；若选择"高光"选项，将只修改图像的亮部区域。
- **曝光度**：用于设置加深或减淡的强度。
- **喷枪**：单击 按钮可以启用喷枪样式，并创建喷枪效果。
- **保护色调**：单击选中"保护色调"复选框，将保护色调不受工具的影响。

例如，打开图7-17所示的风景图像。选择"减淡工具" ○，在工具属性栏中设置画笔大小为"500"、曝光度为"50%"，在天空图像中横向涂抹，将天空颜色减淡，如图7-18所示；选择"加深工具" ○，工具属性栏中的设置保持默认，对图像的4个角，以及花朵部分的阴影图像进行涂抹，让画面更具层次感，如图7-19所示。

图7-17　风景图像　　　　　　图7-18　减淡图像　　　　　　图7-19　加深图像

7.1.4　涂抹工具

"涂抹工具" ![]可以模拟手指涂抹在图像中产生的颜色流动效果。如果图像中不同颜色之间的边界生硬，或颜色之间过渡不佳，可以使用"涂抹工具" ![]将图像颜色柔和化。选择"涂抹工具" ![]，其工具属性栏如图7-20所示。

图7-20　"涂抹工具"的工具属性栏

- **模式**：用于设置涂抹后的混合模式。
- **强度**：用于设置涂抹强度。
- **手指绘画**：单击选中"手指绘画"复选框，可使用前景色涂抹图像。如图7-21所示为设置前景色为"蓝色"，并单击选中该复选框后进行涂抹的效果；如图7-22所示为取消选中该复选框后，直接涂抹的效果。

图7-21　使用前景色涂抹的效果　　　　　　图7-22　直接涂抹的效果

7.1.5　海绵工具

"海绵工具" ![]用于增强或降低指定图像区域的饱和度。选择"海绵工具" ![]，其工具属性栏如图7-23所示。

图7-23　"海绵工具"的工具属性栏

- **模式**：用于设置编辑区域的饱和度变化方式。选择"加色"选项，将增强色彩的饱和度；选择"去色"选项，将降低色彩的饱和度。原图、降低红色图像饱和度的效果及增强红色图像饱和度的效果如图7-24、图7-25和图7-26所示。

图7-24　原图　　　　　　图7-25　降低红色图像饱和度的效果　　图7-26　增强红色图像饱和度的效果

- **流量**：用于设置吸取颜色或加色的强度，数值越大，被"海绵工具" 涂抹的区域的强度越大。
- **自然饱和度**：单击选中"自然饱和度"复选框，可防止颜色过于饱和而产生溢色。

疑难解答

使用涂抹工具时，画笔大小的设置对图像效果有影响吗？

涂抹工具适合涂抹小范围内的图像，但图像太大或画笔设置过大时，不容易控制图像涂抹产生的扭曲程度，并且处理速度较慢。如果要处理数量较多或图像较大的图像，建议使用"液化"滤镜来实现类似的效果，相关内容请查看第9章中的"液化"滤镜内容。

技能提升

图7-27所示为处理图像饱和度与光影的前后对比效果，请结合本小节所讲述的知识，分析该作品并进行练习。

（1）图7-27中原图中的图像色彩偏淡，且占据中心位置的饮料并不突出，若要增加局部图像饱和度与亮度，可以使用哪些修饰工具来进行调整？

高清彩图

图7-27　图像处理前后的效果

（2）尝试利用提供的素材（素材位置：素材\第7章\饮料.jpg）调整照片中的光影和色彩，达到突出主体物的效果。

7.2 修复图像

Photoshop作为一款功能强大的图像处理软件，提供了多个修复图像的工具，如图章工具组、污点修复画笔工具、修复画笔工具、修补工具和红眼工具等。这些工具使用方法简单，在实际操作中比较实用。

7.2.1 课堂案例——处理照片中的杂物

案例说明： 现有一张素材图片，需要运用图像修复技术将一些杂乱的电线、树枝图像等处理掉，处理前后的图像对比效果如图7-28所示。

知识要点： 污点修复画笔工具；修补工具；仿制图章工具。

素材位置： 素材\第7章\窗户.jpg

效果位置： 效果\第7章\处理照片中的杂物.jpg

高清彩图

图7-28　处理前后的图像对比效果

设计素养

图像修复技术是指利用图像处理软件对有缺陷的图片进行智能修复，如美化图像和修复破损照片等，以提升图像整体质量，满足不同用户的使用需求。修复图像的第一步需要观察图片中是否存在色调和色彩问题，若有，则先对图像色调、光影做调整，增强画面的层次感，然后修复图像的细节，如去除图像中不需要的遮挡物、去除杂物、处理人物皱纹等。

处理照片中杂物的具体操作步骤如下。

步骤 01 打开"窗户.jpg"素材，通过观察可以发现，在墙面中有一些裂纹和树枝，显得墙面很杂乱，下面将对这些图像进行去除。

步骤 02 选择"修补工具"，在工具属性栏中设置选区绘制方式为"新选区"，并单击 源 按钮，然后在墙面右下方的树枝中绘制一个不规则选区，如图7-29所示。

图7-29　使用修补工具

步 骤 03 将鼠标指针移至选区内部，按住鼠标左键不放并拖曳到画面左侧的墙面图像中，如图7-30所示，系统会自动使选择区域内的图像覆盖原有选区内的图像，如图7-31所示。

图7-30　拖曳选区（一）

图7-31　修复图像（一）

步 骤 04 选择"污点修复画笔工具" ，在工具属性栏中设置画笔大小为"15"、模式为"正常"，再单击 内容识别 按钮，然后涂抹窗户左下方的裂纹，如图7-32所示。

步 骤 05 释放鼠标左键后，裂纹图像将被周围的墙面图像覆盖，得到修复效果，如图7-33所示。

图7-32　修复图像（二）

图7-33　修复效果（一）

步 骤 06 继续涂抹墙面中其他较明显的细纹图像，得到图7-34所示的修复效果。

步 骤 07 下面将对墙面右侧的水管和树叶进行处理。选择"修补工具" ，将水管图像及部分阴影框选起来，得到的选区状态如图7-35所示。

图7-34 修复效果(二)

图7-35 选区状态

步骤 08 将鼠标指针移至选区内部,按住鼠标左键不放并向下拖曳,如图7-36所示,释放鼠标左键后按【Ctrl+D】组合键取消选区,得到修复后的效果,如图7-37所示。

图7-36 拖曳选区(二)

图7-37 修复后的效果

步骤 09 修复后可以发现原水管所在的墙面图像不够自然,下面将进行细致的处理。选择"仿制图章工具" ![图标],按住【Alt】键单击墙面中较模糊的区域进行取样,如图7-38所示。

步骤 10 将鼠标指针移动到墙面光影处,按住鼠标左键不放并拖曳,得到修复图像效果,如图7-39所示。

图7-38 取样图像

图7-39 修复图像效果

步骤 11 继续使用相同的方法取样,并对墙面中的其他光影进行修复,修复时注意调整画笔大小,得到的修复图像后的效果如图7-40所示。

步骤 12 选择"污点修复画笔工具" ![图标],对墙面右下方的树枝图像进行涂抹,得到最终效果,如图7-41所示,最后将该图像保存为名称为"修复照片中的杂物"的JPEG格式的图像。

图7-40　修复图像后的效果　　　　　　　　　　　图7-41　最终效果

7.2.2　图章工具组

复制图像可以使用图章工具组进行操作，该组由"仿制图章工具" 和"图案图章工具" 组成，可以使用颜色或图案填充图像或选区，从而复制或替换图像。

1. 仿制图章工具

"仿制图章工具" 可将图像的一部分复制到同一图像的另一位置，在复制或修复图像时经常用到。选择"仿制图章工具" ，其工具属性栏如图7-42所示。

图7-42　"仿制图章工具"的工具属性栏

"仿制图章工具" 的工具属性栏的部分选项与"锐化工具" 的工具属性栏的部分选项作用相同，其他主要选项作用如下。

● **切换仿制源面板**：单击 按钮，可打开"仿制源"面板，在其中可以对原图像进行各项设置。

● **对齐**：单击选中"对齐"复选框，可对连续的颜色像素进行取样。释放鼠标左键时，也不会丢失当前的取样点。

● **样本**：用于从指定的图层中进行数据取样。若要从当前图层及其下方的可见图层中取样，应在该下拉列表中选择"当前和下方图层"选项；若仅从当前图层中取样，可选择"当前图层"选项；若要从所有可见图层中取样，可选择"所有图层"选项；若要从调整层以外的所有可见图层中取样，可选择"所有图层"选项，然后单击选项右侧的"打开以在仿制时忽略调整图层"按钮 即可。

● **不透明度**：用于调整复制图像的不透明度效果。

在工具属性栏中设置适合的画笔大小，按住【Alt】键，此时鼠标指针变成在中心带有十字准心的圆圈，单击图像中选定的位置，如图7-43所示，即在原图像中确定要复制的参考点，这时鼠标指针将变成空心圆圈。将其移动到图像的其他位置单击，此单击点将对应前面定义的参考点，反复拖曳即可将参考点周围的图像复制到单击点周围，如图7-44所示。

图7-43　取样图像　　　　　　　　　　　　　图7-44　复制图像

2. 图案图章工具

"图案图章工具" 的作用和"仿制图章工具" 的类似,但"图案图章工具" 并不需要建立取样点。用户可以通过它使用指定的图案对涂抹的区域进行填充。选择"图案图章工具" ,其工具属性栏如图7-45所示。

图7-45 "图案图章工具"的工具属性栏

"图案图章工具" 的工具属性栏的部分选项与"锐化工具" 的工具属性栏的部分选项作用相同,其他主要选项作用如下。

- **对齐**:单击选中"对齐"复选框,可让绘制的图像与原始起点的图像连续,即使多次单击也不会影响这种连续性。
- **印象派效果**:单击选中"印象派效果"复选框,可以模拟出印象派绘画的效果。图7-46所示为选中该复选框时的印象派绘制效果,图7-47所示为取消选中该复选框时的正常绘制效果。

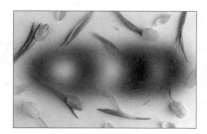

图7-46 印象派绘制效果

图7-47 正常绘制效果

7.2.3 污点修复画笔工具和修复画笔工具

在Photoshop中还可以应用多种工具修饰图像,如使用"污点修复画笔工具" 和"修复画笔工具" 修补图像。

1. 污点修复画笔工具

"污点修复画笔工具" 可以快速移去图像中的污点和其他不需要的部分。选择"污点修复画笔工具" ,其工具属性栏如图7-48所示。

图7-48 "污点修复画笔工具"的工具属性栏

- **画笔** :用于设置画笔的大小和样式等参数。
- **模式**:用于设置绘制后生成的图像与底色之间的混合模式。在"模式"下拉列表中选择"替换"选项时,可保留画笔描边的边缘处的杂色、胶片颗粒和纹理。
- **类型**:用于设置修复图像过程中采用的修复类型。单击 近似匹配 按钮,可使用选区边缘周围的像素来查找要用作选定区域修补的图像区域;单击 创建纹理 按钮,可使用选区中的所有像素创建用于修复该区域的纹理,并使该纹理与周围纹理相协调;单击 内容识别 按钮,可对选区周围的像素进行修复。

● 对所有图层取样：单击选中"对所有图层取样"复选框，将从所有可见图层中进行取样。

2. 修复画笔工具

"修复画笔工具" 可以用图像中与被修复区域相似的颜色去修复破损图像，其使用方法与"仿制图制工具" 的基本相同。使用"修复画笔工具" 修复图像时会根据被修复区域周围的颜色像素的被取样点的透明度、颜色、明暗来进行调整，这样修复出的图像效果更加的柔和。选择"修复画笔工具" ，将显示如图7-49所示的工具属性栏。

图7-49 "修复画笔工具"的工具属性栏

● 模式：用于设置修复图像的混合模式。

● 源：用于设置修复的图像来源。单击 取样 按钮，可直接从图像上取样复制图像；单击 图案 按钮，可在其右侧的下拉列表中选择一个图案作为取样来源。

疑难解答

修复图像时画面中的十字线有什么用处？

使用"仿制图章工具" 和"修复画笔工具" 时，按住【Alt】键在图像中单击取样图像后，将鼠标指针移动到其他位置，拖曳鼠标指针进行涂抹的同时，画面中会出现一个圆形指针和一个十字形指针，圆形指针是正在涂抹的区域，而该区域的内容则是从十字指针所在位置的图像上复制的。在操作时，两个指针始终保持相同的距离，因此，只要观察十字形指针所在位置的图像，便可知道将要涂抹出什么样子的图像了。

7.2.4 修补工具

"修补工具" 可用指定的图像像素或图案修复所选区域中的图像。选择"修补工具" ，其工具属性栏如图7-50所示。

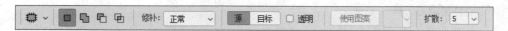

图7-50 "修补工具"的工具属性栏

● 选区创建方式：用于设置修补的选区范围。该工具属性栏中左侧的 按钮，与选框工具的工具属性栏中的相同按钮的属性一致，使用方法也一样，可以在绘制选区的过程中进行添加、减去和相交选区的操作。

● 修补：用于设置修补方法。单击 源 按钮，将选区移动到要修补的区域后释放鼠标左键，可使用当前选区中的图像修补原来选区中的内容。如图7-51所示，沿着瓢虫图像边缘创建一个选区；然后将选区向左移动到花朵图像中，如图7-52所示；单击 目标 按钮，可以将选中的图像复制到目标区域，如图7-53所示，将原选区内的瓢虫图像移动到左边的花朵图像上。

● 透明：单击选中"透明"复选框，可以使修复的图像区域与原始的图像区域叠加产生透明感。

● 使用图案：创建选区后，在"使用图案"下拉列表中选择一种图案，再单击 使用图案 按钮，可使用图案对选区中的图像进行修补。

图7-51　创建选区

图7-52　移动选区

图7-53　复制图像并移动

提示

　　利用"修补工具"▣绘制选区时，与"套索工具"▱绘制的方法一样。为了精确绘制选区，可先使用选区工具绘制选区，再使用"修补工具"▣进行修补。

7.2.5　红眼工具

　　"红眼工具"⁺ₒ可以快速去掉图像中人物眼睛由于闪光灯引发的红色、白色、绿色反光斑点。只需选择"红眼工具"⁺ₒ，在红眼部分进行单击，即可快速去除红眼效果。选择"红眼工具"⁺ₒ，其工具属性栏如图7-54所示。

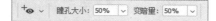

图7-54　"红眼工具"的工具属性栏

● 瞳孔大小：用于设置瞳孔（眼睛暗色的中心）的大小。

● 变暗量：用于设置瞳孔的暗度。

技能提升

　　图7-55所示为一幅宠物图像，请结合本小节所讲述的知识，回答问题后修复图像，参考效果如图7-56所示。

　　（1）要去除图中框选的杂物可以通过修复工具组中的哪些工具实现？请填在对应的方框内。

　　（2）利用提供的素材（素材位置：素材\第7章\宠物），结合修复图像相关知识，对图像中的杂物进行处理，并调整图像颜色，巩固所学的知识。

高清彩图

效果示例

图7-55　宠物图像

图7-56　参考效果

7.3 课堂实训

7.3.1 制作饮料海报

1. 实训背景

某饮品店准备进行开业促销活动，需要制作相应的宣传海报，以"夏季冰饮　开业半价优惠"为活动主题，并配以该店主推的一款水果冰饮作为海报的主体素材，要求该海报尺寸为42厘米×29.7厘米，主题明确且能够体现夏季冰饮的特点和吸引力。

2. 实训思路

（1）风格定位。首先定位海报的应用场景，找到合适的设计风格，运用与饮料产品图像相同的色系为主要背景色，再寻找合适的素材与饮料图像相搭配，如图7-57所示。

（2）处理产品图。由于产品为一款水果饮料，首先分析产品图像在颜色和细节上的缺陷，然后有针对性地调整产品图像，给人带来视觉上的享受，如图7-58所示。

（3）文字设计。添加合适的主题文字，将其放置到主要位置，并做放大处理；对于价格文字，应设计有特征的底图将文字作为重点突出展示，再使用简洁的文字装饰整个画面，如图7-59所示。

图7-57　展示素材

图7-58　处理产品图片

图7-59　展示文字信息

本实训的参考效果如图7-60所示。

图7-60　参考效果

高清彩图

素材位置：素材\第7章\制作饮料海报

效果位置：效果\第7章\饮料海报.psd

3. **步骤提示**

步骤 01 新建一个尺寸为"42厘米×29.7厘米"、分辨率为"150像素/英寸"、颜色模式为"RGB颜色"、名称为"饮料海报"的文件，打开"网格背景.jpg"和"饮料.psd"素材，使用"移动工具" ⊕ 分别将素材图像拖曳到新建文件中。

视频教学：
制作饮料海报

步骤 02 打开"树叶.psd"素材，使用"移动工具" ⊕ 将素材拖曳过来，并为其添加"投影"图层样式，再复制一次对象，分别放到画面两侧。

步骤 03 使用"海绵工具" ⬤ 对饮料图像做加色处理，增加图像饱和度。

步骤 04 使用"减淡工具" ✎ 涂抹饮料图像中的亮部。再使用"加深工具" ✎ 涂抹饮料图像的暗部，增加图像的层次感。

步骤 05 使用"椭圆工具" ◯ 绘制圆形，并为其添加"内阴影"图层样式。

步骤 06 使用"横排文字工具" T 在圆形中输入文字，并在工具属性栏中设置较粗的字体，做到引人注意的效果。

步骤 07 打开"草莓.psd"素材，将其移动到海报右侧，并使用"画笔工具" ✎ 在草莓图像下方绘制投影效果。

步骤 08 继续输入其他广告文字，排列做到有主有次，并对重要文字信息运用较粗的字体，起到突出显示的作用，再按【Ctrl+S】组合键保存文件。

7.3.2 制作禁烟公益广告

1. **实训背景**

众所周知，吸烟有害健康，因此某社区准备在"世界无烟日"到来之前，制作一个公益广告张贴在社区的宣传栏，希望人们免受烟草危害。该公益广告的尺寸为36厘米×54厘米，主题为"吸烟有害"，要求广告画面整体简洁大方、内容简明易懂、设计新颖，能给观者带来较为震撼的视觉体验，最终起到宣传的作用。

2. **实训思路**

（1）准确定位。结合公益广告的主题，然后找到合适的广告素材，如香烟，再寻找可以进行搭配的背景图像，以此来确定画面整体色调。再借助修图工具处理香烟的色调和光影，使香烟图像与背景对比明显，从而起到突出主体、引人注目的目的，如图7-61所示。

（2）添加特效图像。由于香烟燃烧起来能带给人更直观的感受，而产生的烟雾对人体有害，所以可绘制飘逸的烟雾图像作为装饰。在制作过程中，需要注意烟雾图像的柔软性和透明性，使用合适的工具来制作，如图7-62所示。

（3）广告文字设计。公益广告的应用场景一般都是人口密集的住宅区或商场等公众场所，需要吸引人们的视线和关注，所以在设计广告文字时，文字信息不宜过多，可以将文字突出显示，并做到主次分明。

高清彩图

本实训的参考效果如图7-63所示。

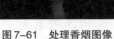

图7-61　处理香烟图像　　　　图7-62　制作烟雾　　　　图7-63　参考效果

素材位置： 素材\第7章\禁烟公益广告
效果位置： 效果\第7章\禁烟公益广告.psd

3. **步骤提示**

步骤 01 新建一个尺寸为"36厘米×54厘米"、分辨率为"150像素/英寸"、颜色模式为"RGB颜色"、名称为"禁烟公益广告"的文件，打开"黑色背景.jpg"和"烟.jpg"素材，使用"移动工具" 将素材图像分别拖动到新建文件中。

步骤 02 选择"加深工具" 涂抹香烟图像的暗部，再使用"减淡工具" 涂抹香烟图像亮部，增加图像的层次感。

步骤 03 使用"海绵工具" 在香烟图像的烟头处涂抹，做加色处理，增加图像的饱和度。

步骤 04 新建一个图层，使用"画笔工具" 在香烟图像左侧绘制白色柔和线条笔触，绘制过程中适当调整画笔大小和透明度。

步骤 05 使用"涂抹工具" 涂抹白色图像，通过反复的操作，得到烟雾图像。

步骤 06 选择"橡皮擦工具" ，在工具属性栏中设置不透明度为"50%"，然后适当擦除烟雾图像，使得部分烟雾为半透明状态，得到更加真实的烟雾效果，然后使用"画笔工具"绘制白色星光效果。

步骤 07 打开"禁烟文字.psd"素材，将其中的内容拖曳至广告上方，再按【Ctrl+S】组合键保存文件。

视频教学：
制作禁烟公益
广告

7.4 课后练习

练习 1 去除照片中多余的图像

某客户提供了一张在海边玩耍的照片，画面比较杂乱，因此，为了让画面显得更加整洁，现需要使用修复工具组进行后期处理。处理时，可以利用修复画笔工具对乱石附近的图像进行取样，然后清除乱石图像，使画面整体更加清爽，最后在画面中添加文字提升艺术性。图像处理前后的对比效果如图7-64所示。

图7-64　图像处理前后的对比效果（一）

素材位置： 素材\第7章\海边.jpg

效果位置： 效果\第7章\去除照片中多余的图像.psd

练习 2　制作唯美景深效果

小张近期外出旅游，拍摄了一张十分漂亮的风景照，但由于拍摄时光圈较小，没有得到很好的景深效果，因此需要在Photoshop中进行后期处理。制作时，可以利用模糊工具，对图像天空背景与前面的草丛图像做模糊处理，得到景深效果，再使用锐化工具涂抹房屋图像，使其更加突出，图像处理前后的对比效果如图7-65所示。

素材位置： 素材\第7章\风景.jpg

效果位置： 效果\第7章\唯美景深效果.psd

图7-65　图像处理前后的对比效果（二）

第  章　图像合成

图像合成就是将来自不同图像的多个视觉元素组合到一起，让整个图像画面的视觉效果变得更加丰富。图像合成在图像后期处理，以及海报、广告等平面作品设计中均有广泛应用。在Photoshop中，图像合成可以借助多个功能或工具来完成，其中蒙版功能、图层混合模式和图层样式运用较多。

📖 学习目标

- ◎ 掌握蒙版的基本操作方法
- ◎ 掌握图层混合模式和图层样式的应用方法

◇ 素养目标

- ◎ 培养良好的审美观，为图像合成寻找合适的素材
- ◎ 培养创造力和想象力，提升图像合成的视觉效果

◈ 案例展示

儿童节创意海报

周年庆海报

8.1 使用蒙版

蒙版作为Photoshop中的一种重要的图像处理与编辑功能，在设计方面所发挥的作用不容忽视。运用好蒙版，可以精确地选择图像区域，遮盖想要保护的图像局部区域，从而实现复杂图像效果。

8.1.1 课堂案例——制作儿童节创意海报

案例说明： 六一儿童节到来之际，某商场为了增加客流量，有针对性地开展了各种活动，因此需要制作一幅60厘米×90厘米、具有创意的六一儿童节海报，重点要突出六一儿童节的欢乐气息，海报设计的参考效果如图8-1所示。

知识要点： 图层蒙版；剪贴蒙版；调整图层。

素材位置： 素材\第8章\儿童节创意海报

效果位置： 效果\第8章\儿童节创意海报.psd

高清彩图

图8-1 参考效果

设计素养

设计平面作品时，图像素材的选择非常重要，因为一个好的图像素材往往能在普通的画面中起到画龙点睛的作用。如本例中的儿童和海豚图像，作为主要元素出现在画面中央，配合背景图像更好地突出了欢乐的氛围。

制作儿童节创意海报的具体操作步骤如下。

步骤 01 新建一个尺寸为"60厘米×90厘米"、分辨率为"150像素/英寸"、名称为"儿童节创意海报"的文件，打开"蓝色背景.jpg"素材，使用"移动工具" ⊕，将素材拖曳至画面中，并按【Ctrl+T】组合键调整图像尺寸，使其布满整个画面，如图8-2所示。

步骤 02 单击"图层"面板底部的"创建新图层"按钮 ▣，新建一个图层。

步骤 03 选择"椭圆选框工具" ○，按住【Shift】键在图像中绘制一个圆形选区，再按住【Alt】键并拖曳鼠标指针减选选区，如图8-3所示。

步骤 04 设置前景色为白色，按【Alt+Delete】组合键填充选区，得到月亮图像，如图8-4所示。

视频教学：
制作儿童节创意
海报

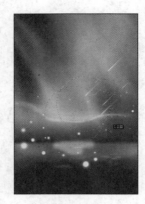

图8-2　调整图像尺寸　　　　　　　图8-3　绘制选区　　　　　　　　图8-4　填充选区

步骤 05 选择【图层】/【图层样式】/【外发光】命令，打开"图层样式"对话框，设置混合模式为"正常"、不透明度为"86"、扩展为"0"、大小为"19"，再设置颜色为淡黄色"#fdf2ac"，如图8-5所示。

步骤 06 单击 确定 按钮，得到外发光图像效果，这时"图层"面板中也会显示图层样式，如图8-6所示。

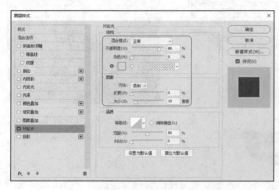

图8-5　添加"外发光"图层样式　　　　　　　　　　图8-6　图像效果（一）

步骤 07 单击"图层"面板底部的"创建新组"按钮 ，得到"组1"。打开"海豚.jpg"素材，使用"移动工具" 将素材拖曳至画面中，如图8-7所示。

步骤 08 选择"魔棒工具" ，单击海豚图像中的紫色背景获取图像选区，然后单击"图层"面板底部的"添加图层蒙版"按钮 ，隐藏选区内的图像，如图8-8所示。

图8-7　添加素材（一）　　　　　　　　　　　图8-8　添加图层蒙版

步骤 09 打开"鱼.psd"素材，使用"移动工具" ⊕ 将素材拖曳至画面中"海豚"图像的位置，如图8-9所示。

步骤 10 在"图层"面板中将"鱼"图像所在图层调整至"海豚"图像所在图层的下方，然后单击面板底部的"添加图层蒙版"按钮 ▢ ，设置前景色为"黑色"、背景色为"白色"，使用"画笔工具" ✐ 在"鱼"图像的下方绘制，隐藏部分图像，在图层蒙版中被隐藏的部分将以黑色显示，如图8-10所示。

图8-9 添加素材（二）

图8-10 添加图层蒙版

步骤 11 选择【图层】/【新建调整图层】/【曲线】命令，在打开的对话框中单击 确定 按钮，打开"属性"面板，在曲线下方添加节点并向下拖曳，加深图像颜色，"图层"面板中将得到一个调整图层，如图8-11所示。

步骤 12 选择【图层】/【创建剪贴蒙版】命令，得到剪贴蒙版效果，将只加深"组1"中的图像颜色，如图8-12所示。

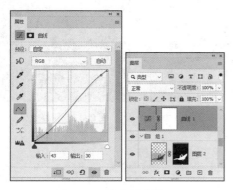

图8-11 添加调整图层

图8-12 图像效果（二）

🔔 **提示**

在"图层"面板中创建剪贴蒙版后，将在该图层前面显示一个 ⌐ 图标，表示该图层与下一图层为剪贴图层关系。

步骤 13 打开"六一.psd"素材，使用"移动工具" ⊕ 将素材拖曳至画面上方，如图8-13所示；再打开"彩色背景.jpg"素材，使用"移动工具" ⊕ 将素材拖曳过来遮盖文字，如图8-14所示。

151

步骤 **14** 按【Alt+Ctrl+G】组合键创建一个剪贴蒙版图层，如图8-15所示。

图8-13 添加文字　　　　　图8-14 添加彩色背景　　　　　　　　图8-15 创建剪贴蒙版

步骤 **15** 选择【图层】/【图层样式】/【外发光】命令，打开"图层样式"对话框，设置混合模式为"正常"、不透明度为"100"、扩展为"5"、大小为"25"、颜色为"白色"，单击 确定 按钮，得到外发光图像效果，如图8-16所示。

步骤 **16** 选择"横排文字工具" T，在画面上下两处分别输入文字，在工具属性中设置字体为"方正稚艺"、颜色为"白色"，如图8-17所示，按【Ctrl+S】组合键保存文件。

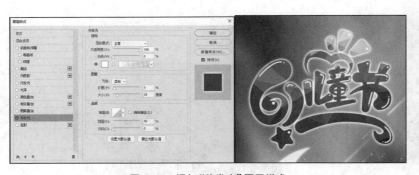

图8-16 添加"外发光"图层样式　　　　　　　　图8-17 最终效果

8.1.2 图层蒙版

图层蒙版存在于图层之上，图层是它的载体，使用图层蒙版可以控制图层中不同区域的隐藏或显示状态，并可通过编辑图层蒙版将各种特殊效果应用于图层中的图像上，且不会影响该图层中的像素。

1. 创建图层蒙版

图层蒙版是一种灰度图像，用黑色绘制的图像区域是隐藏的，用白色绘制的图像区域是可见的，而用灰色绘制的区域则是以一定透明度显示的。创建图层蒙版主要有以下3种方法。

● 直接创建图层蒙版：在"图层"面板中选择需要添加图层蒙版的图层，选择【图层】/【图层蒙版】/【显示全部】命令，即可得到一个图层蒙版。给图层添加蒙版后的"图层"面板如图8-18所示。

- **在选区状态下创建图层蒙版**：在图像中具有选区的状态下，在"图层"面板中单击"添加图层蒙版"按钮 ■ 可以为选区以外的图像部分添加图层蒙版，如图8-19所示。
- **选择图层蒙版区域**：如果图像中没有选区，单击"添加图层蒙版"按钮 ■ 可以为整个图层添加蒙版，设置前景色为"黑色"、背景色为"白色"，然后使用"画笔工具" ✎ 在蒙版中拖曳绘制，绘制的区域为蒙版状态，绘制过程中调整前景色为灰色可以显示半透明效果，如图8-20所示。

图8-18　创建图层蒙版　　　图8-19　添加图层蒙版　　　　图8-20　图层蒙版效果

2. 编辑图层蒙版

为了得到更好的图层蒙版效果，用户可以通过停用图层蒙版、启用图层蒙版、删除图层蒙版等方法来编辑图层蒙版，使图像效果更加符合设计要求。

- **停用图层蒙版**：选择【图层】/【图层蒙版】/【停用】命令，即可停用当前选择的图层蒙版，如图8-21所示。或在需要停用的图层蒙版上单击鼠标右键，在弹出的快捷菜单中选择"停用图层蒙版"命令，如图8-22所示。

图8-21　停用图层蒙版　　　　　图8-22　选择命令停用

- **启用图层蒙版**：在"图层"面板中单击已经停用的图层蒙版图标 ⊠ ，即可启用图层蒙版。
- **删除图层蒙版**：如果要删除图层蒙版，在蒙版缩览图上单击鼠标右键，在弹出的快捷菜单中选择"删除图层蒙版"命令即可。

8.1.3　剪贴蒙版

剪贴蒙版由基底图层和内容图层组成，其中内容图层位于基底图层上方。基底图层用于限制内容图层的最终形式，而内容图层则用于限制基底图层最终显示的效果。需要注意的是，一个剪贴蒙版只能拥有一个基底图层，但可以拥有多个内容图层或图层组。

　　打开一张图像，如图8-23所示，双击"背景"图层，将其改变为普通图层，然后新建一个图层，并绘制一个白色圆形，放到"图层"面板底部。选择图像所在图层，选择【图层】/【创建剪贴蒙版】命令或按【Alt+Ctrl+G】组合键，将该图层与下面的图层创建为一个剪贴蒙版，如图8-24所示，剪贴蒙版的效果如图8-25所示。

| 图8-23　素材图像 | 图8-24　创建剪贴蒙版 | 图8-25　剪贴蒙版的效果 |

🔔 提示

　　为图层创建剪贴蒙版后，若是觉得效果不佳可将剪贴蒙版取消，即释放剪贴蒙版。选择需要释放的剪贴蒙版，再选择【图层】/【释放剪贴蒙版】命令，或按【Ctrl+Alt+G】组合键释放剪贴蒙版。

8.1.4　课堂案例——制作旅游形象广告

　　案例说明： 某小镇为了发展当地的旅游业务，并树立良好形象，将制作一个旅游形象广告。要求广告的尺寸为80厘米×45厘米，并且将旅游风景图像和素材图像结合在一起，在设计上要求有留白效果，与风景图像呼应起来，使画面有较大的想象空间。参考效果如图8-26所示。

高清彩图

图8-26　参考效果

　　知识要点： 快速蒙版；画笔工具；滤镜库。

　　素材位置： 素材\第8章\制作旅游形象广告
　　效果位置： 效果\第8章\旅游形象广告.psd

✍ 设计素养

　　制作旅游形象广告时，除一张好的旅游宣传照片外，还需要配以合适的文字和排版，才能起到很好的宣传作用。而文字的排版设计可以将文字放到画面中较为空白的位置，不仅醒目，又能为画面增添设计感。

制作旅游形象广告的具体操作步骤如下。

步骤 01 新建一个尺寸为"80厘米×45厘米"、分辨率为"150像素/英寸"、颜色模式为"RGB颜色"的文件，打开"底纹.jpg"素材，使用"移动工具" ✛ 将素材拖曳过来，按【Ctrl+T】组合键调整图像尺寸，使其布满整个画面。

步骤 02 打开"旅游风景.jpg"素材，使用"移动工具" ✛ 将素材拖曳到底纹背景中，适当调整图像尺寸，放到画面左侧，如图8-27所示。

步骤 03 选择"画笔工具" ✐，在工具属性栏中设置画笔样式为"柔边圆"，按【Q】键进入快速蒙版编辑状态。设置前景色为"黑色"，使用"画笔工具" ✐ 在图像上绘制，得到选择的图像区域，如图8-28所示。

视频教学：
制作旅游形象
广告

图8-27 添加素材图像

图8-28 创建快速蒙版

🔔 **提示**

在快速蒙版状态下输入文字，可以编辑各种文字属性，但当退出快速蒙版状态后，文字将自动转换为选区状态，并不会生成文字图层。

步骤 04 选择【滤镜】/【滤镜库】命令，打开"滤镜库"对话框。在"画笔描边"滤镜组中选择"喷色描边"滤镜，并在右侧设置描边长度为"20"、喷色半径为"25"，如图8-29所示。

步骤 05 单击对话框右下方的"新建效果图层"按钮 ⊞，增加一个滤镜图层，然后在"纹理"滤镜组中选择"龟裂缝"滤镜，并设置裂缝间隙、裂缝深度、裂缝亮度分别为"15""7""8"，如图8-30所示。

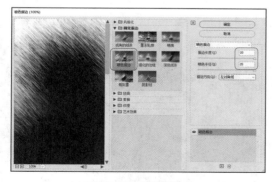

图8-29 应用滤镜

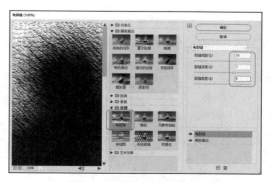

图8-30 添加滤镜

步骤 06 单击 确定 按钮得到滤镜效果，然后按【Q】键退出快速蒙版编辑状态，得到图像选区，如图8-31所示。

步骤 07 按【Delete】键删除选区内的图像，再按【Ctrl+D】组合键取消选区，如图8-32所示。

图8-31 得到选区

图8-32 删除图像

步骤 08 打开"树叶.psd"素材，使用"移动工具" 将素材拖曳至画面右上方，如图8-33所示。再打开"美丽世界.psd"素材，将素材拖曳过来放到画面右侧，最终效果如图8-34所示，按【Ctrl+S】组合键保存文件。

图8-33 添加素材图像

图8-34 最终效果

8.1.5 快速蒙版

快速蒙版又称为临时蒙版，可以将任何选区作为蒙版编辑，还可以使用多种工具和滤镜命令来修改蒙版，常用于选取复杂图像或创建特殊图像的选区。

打开一张图像，单击工具箱下方的"以快速蒙版模式编辑"按钮 ，进入快速蒙版编辑状态，此时使用黑色的"画笔工具" 在蒙版区域进行绘制，绘制的区域将呈半透明的红色显示，如图8-35所示，该区域为设置的保护区域。单击工具箱中的"以标准模式编辑"按钮 ，将退出快速蒙版模式，此时在蒙版区域中呈红色显示的图像将位于生成的选区之外，如图8-36所示。

图8-35 在蒙版区域绘制

图8-36 蒙版转换为选区

8.1.6 矢量蒙版

矢量蒙版是在图像中添加的一种蒙版形式。由于矢量蒙版是通过矢量工具创建的，所以矢量蒙版与分辨率无关，不论怎么变形都不会影响其轮廓边缘的光滑程度。矢量蒙版与剪贴蒙版不同，剪贴蒙版需要两个图层组成，而矢量蒙版只需要一个图层即可存在。

打开两张图像，使用"移动工具" 将花盘图像拖曳到蓝色背景中，如图8-37所示。使用"椭圆工具" 在图像中绘制一条圆形路径，选择【图层】/【矢量蒙版】/【当前路径】命令，得到矢量蒙版效果，如图8-38所示。

图8-37　移动图像

图8-38　创建矢量蒙版

下面将讲解矢量蒙版的常见编辑操作。

1. 将矢量蒙版转换为图层蒙版

在矢量蒙版缩略图上单击鼠标右键，在弹出的快捷菜单中选择"栅格化矢量蒙版"命令，如图8-39所示。栅格化后的矢量蒙版将会变为图层蒙版，并且不具备矢量图形的特征，如图8-40所示。

图8-39　选择命令

图8-40　将矢量蒙版转换为图层蒙版

2. 删除矢量蒙版

在矢量蒙版缩略图上单击鼠标右键，在弹出的快捷菜单中选择"删除矢量蒙版"命令，即可删除该矢量蒙版。

3. 链接/取消链接矢量蒙版

在默认情况下，图层和其矢量蒙版之间有个 图标，表示图层与矢量蒙版相互链接。当移动或交换图层时，矢量蒙版将会跟着发生变化。若不想图层或矢量蒙版影响到与之链接的矢量蒙版或图层，可单击 图标，取消它们之间的链接。若想恢复链接，可直接单击取消链接的位置。

技能提升

图8-41所示为某舞蹈培训学校制作的一幅舞蹈意境图，请结合本小节所讲述的知识，分析该作品并进行练习。

高清彩图

（1）图像中为文字添加的金沙底纹效果，可以运用本小节中的什么操作来快速实现？

————————————————

————————————————

（2）尝试利用提供的素材（素材位置：素材\第8章\金沙.jpg、舞.psd、背景.jpg）制作出本例的舞蹈意境图，从而增强应用蒙版的能力。

图8-41　舞蹈意境图

8.2

设置图层混合模式和样式

图层混合模式是指将上面图层与下面图层的图像进行混合，从而得到另外一种图像效果。而为图像添加图层样式，能够得到样式更加丰富的艺术图像效果，如发光效果、阴影效果、描边效果等。

8.2.1　课堂案例——制作周年庆海报

案例说明：某企业为庆祝公司成立3周年准备举办庆祝活动，现需要制作一张企业3周年庆海报，要求海报尺寸为60厘米×80厘米，突出"3周年庆典"的主题，并体现活动内容和活动时间等，参考效果如图8-42所示。

知识要点：图层混合模式；图层样式的设置。

素材位置：素材\第8章\红色背景.jpg、曲线.psd、3.psd、方框.psd

效果位置：效果\第8章\周年庆宣传海报.psd

高清彩图

图8-42　参考效果

设计素养

宣传海报一般包含多种素材图像和文字等元素。当要展示的内容比较多时，为了避免画面杂乱，首先要对画面的布局进行整体划分，将主要的素材图像和文字放到较为醒目的位置，并通过一些艺术加工，突出主要内容，然后添加一些辅助元素，从而使整个版面主次分明。

制作周年庆海报的具体操作步骤如下。

步骤 01 打开"红色背景.jpg"和"曲线.psd"素材，使用"移动工具" 将"曲线"图像拖曳到"红色背景"图像中，如图8-43和图8-44所示，将得到"曲线"图层。

视频教学：
制作周年庆
海报

图8-43 曲线图像　　　　　　　　图8-44 移动图像

步骤 02 打开"3.psd"素材，选择"移动工具" 将素材拖曳到"红色背景"图像中，并放到画面左上方，如图8-45所示，得到图层1。

步骤 03 按住【Ctrl】键单击"图层1"图层的缩略图，载入图像选区。在"图层"面板中新建一个图层，并将该图层拖曳到"图层1"图层的下方，然后填充为"白色"，适当向右移动选区，再取消选区，如图8-46所示。

图8-45 添加素材图像　　　　　　　　图8-46 填充选区

步骤 04 选择【图层】/【图层样式】/【斜面和浮雕】命令，打开"图层样式"对话框，设置样式为"枕状浮雕"，如图8-47所示。

步骤 05 单击"光泽等高线"右侧的曲线图标，打开"等高线编辑器"对话框，编辑曲线如图8-48所示，然后依次单击 确定 按钮，得到曲线浮雕的效果，如图8-49所示。

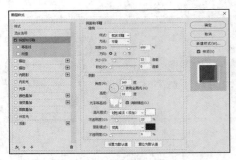 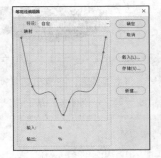 

图8-47　添加"斜面和浮雕"图层样式　　　图8-48　编辑曲线　　　图8-49　曲线浮雕的效果

步骤 06 新建一个图层，选择"多边形套索工具" ☑，在画面左侧绘制一个不规则选区，填充为 "#970e0e"颜色，如图8-50所示。

步骤 07 打开"图层样式"对话框，选择对话框左侧的"投影"图层样式，设置混合模式为"正片 叠底"、颜色为"黑色"，如图8-51所示。

步骤 08 选择"描边"图层样式，设置大小为"4"、位置为"内部"、不透明度为"100"，如 图8-52所示。

  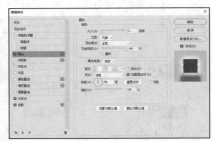

图8-50　绘制选区　　　图8-51　添加"投影"图层样式　　　图8-52　添加"描边"图层样式

步骤 09 在"描边"图层样式中设置填充类型为"渐变"，单击下方的渐变色条，打开"渐变编辑 器"对话框，设置渐变色为白色和透明依次交替的颜色，如图8-53所示。

步骤 10 依次单击 确定 按钮，得到添加图层样式后的图像效果，如图8-54所示。

图8-53　设置渐变色　　　图8-54　图像效果（一）

步骤 11 选择"图层1"图层，按【Ctrl+J】组合键复制图层，并将其移动到"图层"面板的顶 层，如图8-55所示。

步骤 12 选择【滤镜】/【模糊】/【高斯模糊】命令，打开"高斯模糊"对话框，设置半径为"13"像素，如图8-56所示。单击 确定 按钮，得到模糊图像的效果，如图8-57所示。

 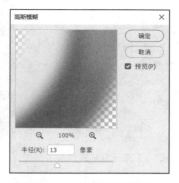 

图 8-55　复制并移动图层　　　　图 8-56　应用高斯模糊滤镜　　　　　图 8-57　模糊图像的效果

步骤 13 按住【Ctrl】键单击"图层3"，载入图像选区，选择"图层1 拷贝"图层，单击面板下方的"添加图层蒙版"按钮 ▢，得到图层蒙版效果，如图8-58所示。

步骤 14 再次打开"红色背景.jpg"素材，使用"移动工具" ✛ 将素材拖曳至画面左下方，如图8-59所示。

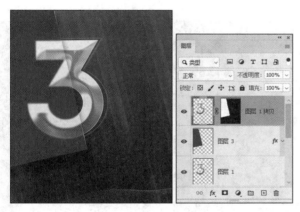 

图 8-58　添加图层蒙版　　　　　　　　　　　　　图 8-59　添加素材图像

步骤 15 在"图层"面板中的"图层3"图层上方单击鼠标右键，在弹出的快捷菜单中选择"拷贝图层样式"命令，如图8-60所示。

步骤 16 在"红色背景"图像所在图层上方单击鼠标右键，在弹出的快捷菜单中选择"粘贴图层样式"命令，如图8-61所示，即可为"红色背景"图像所在图层快速应用相同的图层样式，图像效果如图8-62所示。

🔔 **提示**

复制和粘贴图层样式，不仅可以应用在文字图层和普通图层中，还可以应用在图层组中，但不适用于调整图层。

图8-60 拷贝图层样式　　　　图8-61 粘贴图层样式　　　　图8-62 图像效果（二）

步骤 17 单击"图层"面板底部的"创建新组"按钮 ，新建得到"组1"，打开"方框.psd"素材，使用"移动工具" 将素材拖曳至画面左下方，如图8-63所示。

步骤 18 选择"矩形工具" ，在工具属性栏中设置绘图模式为"形状"、填充为"无"、描边为"白色"、宽度为"12像素"、半径为"48像素"，在画面右侧绘制一个圆角矩形，如图8-64所示。

步骤 19 使用"横排文字工具" 在圆角矩形中输入文字，并在工具属性栏中设置字体为"方正品尚准黑简体"、填充为"白色"，如图8-65所示。

图8-63 创建图层组　　　　　图8-64 绘制圆角矩形　　　　　图8-65 输入文字

步骤 20 在"图层"面板中选择"组1"图层组，选择【图层】/【图层样式】/【斜面和浮雕】命令，打开"图层样式"对话框，设置样式为"内斜面"，再设置光泽等高线样式为"滚动斜坡-递减"、高光模式的颜色为"#ffd98f"、阴影模式的颜色为"#a98e63"，并设置各选项参数如图8-66所示。

步骤 21 选择"图层样式"对话框左侧的"描边"图层样式，设置描边大小为"3"像素、位置为"内部"、不透明度为"100"，颜色为"#ffd596"，如图8-67所示。

步骤 22 选择"渐变叠加"图层样式，设置混合模式为"正常"、不透明度为"100%"，渐变样式为"线性"、渐变颜色为"#b0713d～#e4d2a1"，如图8-68所示。

步骤 23 选择"投影"图层样式，设置混合模式为"正片叠底"、颜色为"#6f0000"、不透明度为"70"，如图8-69所示，单击 确定 按钮，得到添加图层样式后的图像，如图8-70所示。

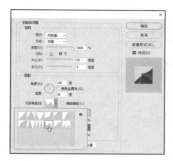

图8-66 设置各选项参数

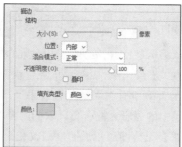

图8-67 "描边"图层样式

图8-68 "渐变叠加"图层样式

步骤 24 按【Ctrl+J】组合键复制"组1"图层组，然后在"图层"面板中单击鼠标右键，在弹出的快捷菜单中选择"清除图层样式"命令，如图8-71所示。

图8-69 "投影"图层样式

图8-70 添加图层样式后的图像

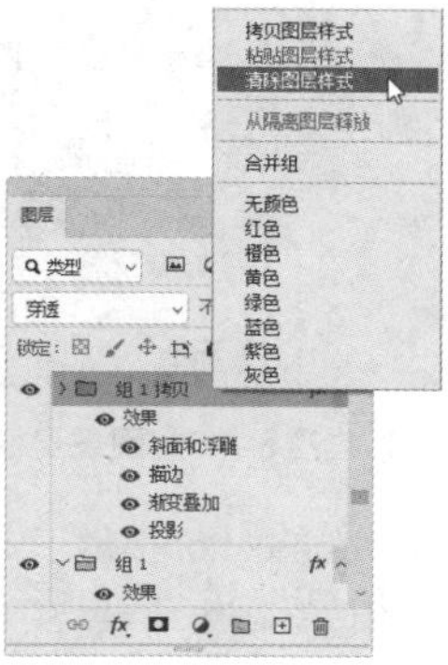

图8-71 清除图层样式

步骤 25 将复制并清除图像样式后的文字与圆角矩形移至画面右上方，并适当缩小图像，如图8-72所示。

步骤 26 使用"横排文字工具" T ，在画面两侧输入活动文字内容，分别填充为"白色"和"#edda9b"，如图8-73所示。

步骤 27 新建一个图层，使用"矩形选框工具" ▦ 在画面下方绘制一个矩形选区，填充为"白色"，然后在其中输入地址、电话等文字信息，最终效果如图8-74所示，按【Ctrl+S】组合键保存文件。

图8-72 缩小图像

图8-73 添加文字

图8-74 最终效果

8.2.2 设置图层混合模式

在使用Photoshop进行图像合成时，图层混合模式是使用最为频繁的技术之一，它可以通过控制当前图层和位于其下的图层之间的像素作用模式，使图像产生奇妙的混合效果。

由于图层混合模式控制当前图层与下方所有图层的融合效果，所以必然有3种颜色存在，位于下方图层中的色彩为基础色，上方图层中的色彩为混合色，它们混合的结果称为结果色，如图8-75所示。需要注意的是，同一种混合模式会因为图层不透明度的改变而有所变化。如将深色圆圈的混合模式设置为"溶解"，能够更好地观察到不同的图层不透明度对图层混合效果的影响，如图8-76所示。

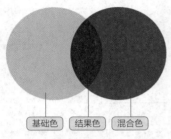

图8-75　图层混合模式的原理

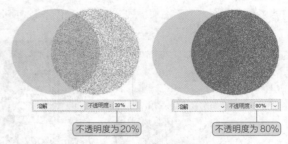

图8-76　图层混合效果

Photoshop提供了27种图层混合模式，默认状态下为"正常"，在"图层"面板中选择一个图层，单击面板顶部右侧的 正常 按钮，在打开的图8-77所示的"图层混合模式"下拉列表中可查看所有图层混合模式，每一组模式间使用划线分隔开，总共分为6组，每一组的混合模式都可以产生相似的效果或是有着近似的用途。6组图层混合模式的作用介绍如下。

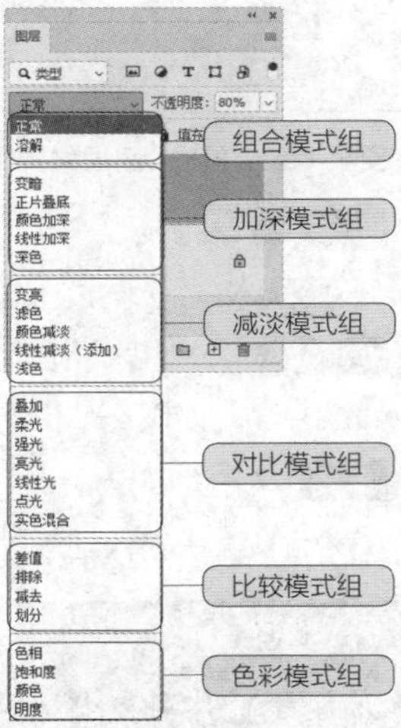

- **组合模式组**：该组模式只有降低图层的不透明度，才能产生效果。

- **加深模式组**：该组模式可使图像变暗，在混合时当前图层的白色将被较深的颜色所代替。

- **减淡模式组**：该组模式可使图像变亮，在混合时当前图层的黑色将被较浅的颜色所代替。

图8-77　"图层混合模式"下拉列表

- **对比模式组**：该组模式可增强图像的反差，在混合时50%的灰度将会消失，亮度高于50%灰色的像素可提亮图层颜色，亮度低于50%灰色的像素可调暗图层颜色。

- **比较模式组**：该组模式可比较当前图层和下方图层，若有相同的区域，该区域将变为黑色。不同的区域则会显示为灰度层次或彩色。若图像中出现了白色，则白色区域将会显示下方图层的反相色，但黑色区域不会发生变化。

- **色彩模式组**：该组模式可将色彩分为色相、饱和度、颜色和明度这4种成分，然后将其中的一种或两种成分互相混合。

　　在"图层混合模式"下拉列表中选择一种混合模式后，可以通过按上、下键来快速切换混合模式选项，在图像编辑中可同步显示相应的模式效果，以便用户操作。

　　图8-78所示为"蝴蝶"图像在部分图层混合模式下与背景图像的混合效果预览。

图8-78　混合效果预览

⚓ 资源链接

　　在"图层"面板中设置图层混合模式可以得到多种特殊的图像效果，各种混合模式选项的作用详解可扫描右侧的二维码，查看详细内容。

扫码看详情

8.2.3　设置图层样式

　　Photoshop提供了10种图层样式，它们都被列举在"图层样式"对话框左侧的"样式"栏中，如图8-79所示。每个样式名称前都有个复选框，当其呈选中状态时表示图层应用了该样式，取消选中可停用样式。在用户单击样式名称时，将打开对应的设置面板。

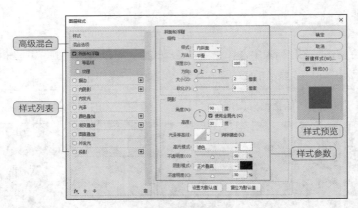

图 8-79 "图层样式"对话框

在"图层样式"对话框中设置参数后,单击 确定 按钮,就可应用设置的图层样式。此时的"图层"面板中,被添加了图层样式的图层将会显示 fx 图标,如图8-80所示。单击该图层右边的 按钮,可展开图层样式效果列表,图8-81所示为再次单击该按钮后折叠图层样式效果列表的效果。

图 8-80 添加图层样式后的状态

图 8-81 折叠图层样式效果列表的效果

1. 斜面和浮雕

使用"斜面和浮雕"样式可以为图层添加高光和阴影的效果,让图像看起来更加立体、生动。设置不同的样式、方法及方向等,可以产生不同的浮雕效果,图8-82所示为内斜面样式效果。纹理和等高线是"斜面和浮雕"样式的副选项,其中,纹理可以通过设置图案产生凹凸的画面感,等高线可以设置图像的凹凸、起伏,如图8-83所示。

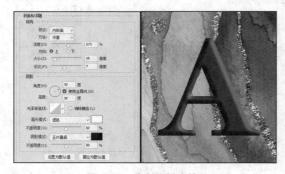

图 8-82 内斜面样式效果

图 8-83 等高线效果

> **🔔 提示**
>
> 　　不同等高线会使图像产生不同的效果，如果系统内置等高线不能满足要求，可单击等高线缩略图标，在打开的"等高线编辑器"对话框中通过编辑等高线来自定义等高线。

2. 投影和内阴影

　　使用"投影"样式可以为图像添加投影效果，常用于增加图像立体感，其中混合模式用于设置投影与下面图层的混合方式；"不透明度"可以设置应用样式后的透明效果；角度用于设置投影效果在下方图层中显示的角度；距离用于设置投影偏离图层内容的距离，数值越大，偏离得越远；扩展用于设置扩张范围，该范围直接受"大小"选项影响；大小用于设置投影的模糊范围，数值越大，模糊范围越广，如图8-84所示。

　　"内阴影"样式可以在图像内容的边缘内侧添加阴影效果，它的设置方式与"投影"样式的几乎相同，区别在于它能使物体产生下沉感，制作出陷入的效果，如图8-85所示。

图8-84　"投影"样式

图8-85　"内阴影"样式

3. 外发光和内发光

　　使用"外发光"样式可以沿图像边缘向外创建发光效果，如图8-86所示。

　　使用"内发光"样式可沿着图像内容的边缘内侧添加发光效果，与"外发光"样式的使用方法基本相同，只是多了一个"源"选项。"源"用于控制光源的位置，其中单击选中"居中"单选按钮，将从图层内容中间发光，单击选中"边缘"单选按钮，将从图层内容边缘发光，如图8-87所示。

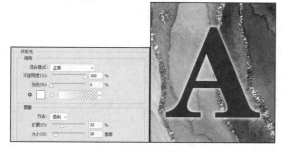

图8-86　"外发光"样式

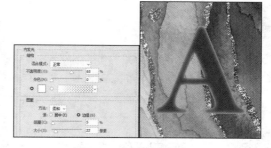

图8-87　"内发光"样式

4. 光泽

　　使用"光泽"样式可以为图像添加光滑而有内部阴影的效果，常用于模拟金属的光泽效果。其原理是将图像复制两份后在内部进行重叠处理，拖曳"距离"下方的滑块，会看到两个图像重叠的过程。"光泽"样式一般很少单独使用，大多配合其他样式起到提高画面质感的作用。

5. 颜色、渐变与图案叠加

颜色、渐变与图案叠加样式都是覆盖在图像表面的，使用"颜色叠加"样式可以为图像叠加自定义的颜色；使用"渐变叠加"样式可以为图像中单纯的颜色添加渐变色，从而使图像颜色看起来更加丰富，如图8-88所示；使用"图案叠加"样式，可以为图像添加指定的图案，如图8-89所示。

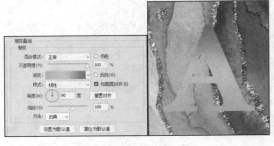

图8-88　"渐变叠加"样式　　　　　　　　图8-89　"图案叠加"样式

6. 描边

使用"描边"样式可以使用颜色、渐变或图案等对图像进行描边，其效果与"描边"命令的类似，但为图像添加"描边"样式可以更加随心所欲地调整描边效果。描边的方向主要有内外两种，其中向内的描边会随着宽度增加出现越来越明显的圆角线性，如果要保持物体的轮廓，应设定较小的宽度值，图8-90所示为外部描边的效果，图8-91所示为内部描边的效果。

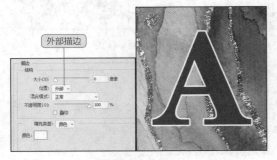
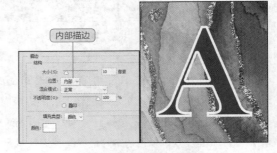

图8-90　外部描边的效果　　　　　　　　图8-91　内部描边的效果

> 🔔 **提示**
>
> 在"图层"面板中，每个图层效果前都显示有 👁 图标，想要隐藏一个图层样式对应的效果，可以单击该图层样式前面的 👁 图标，若想隐藏该图层所有的图层样式，可单击"效果"前的 👁 图标。若想要显示已隐藏的图层样式，在原图标处单击，即可重新显示出图层样式效果。

疑难解答

如何将带图层样式的图层转换为普通图层？

当图像中的图层样式应用得越多时，文件也会变得越大，如果既要保留图层样式，又想要缩小文件，可以使用"栅格化图层内容"功能。其方法：选择图层后，选择【图层】/【栅格化】/【图层样式】命令，即可在保留图层样式效果的同时，删除图层样式属性。需要注意的是，栅格化后不能再修改图层样式的参数。

技能
提升

图8-92所示为层叠文字效果，请结合本小节所讲述的知识，分析该作品并进行练习。

高清彩图

图8-92 层叠文字效果

（1）文字中的层叠效果需要应用哪些图层样式来制作？

_____

_____

（2）尝试利用提供的素材（素材位置：素材\第8章\绿色背景.jpg、文字.psd），动手制作出类似带有投影和层叠的文字效果，从而举一反三，促进思维拓展与能力的增强。

8.3
课堂实训

8.3.1 制作糖果节海报

1. 实训背景

某糖果店想要开展一个促销活动，需要制作一张糖果节海报，用作店铺橱窗海报展示，要求海报尺寸为60厘米×80厘米，搭配提供的糖果素材，突出活动主题，并设计带有艺术感的主题文字，从而产生视觉冲击力，达到吸引消费者、提升销量的目的。

2. 实训思路

（1）制作水晶立体字效果。首先考虑店铺的类型和场景使用要求，了解活动主要元素，选择具有卡通造型的文字，与活动主题起到互相呼应的效果。考虑通过多种图层样式的叠加处理，制作出具有水晶质感的立体文字效果，如图8-93所示。

（2）添加文字底纹。只拥有水晶立体质感不足以体现出糖果字的感觉，还需要找到合适的底纹图像，将其应用在文字中，并调整出五彩缤纷的颜色，得到糖果文字，如图8-94所示。

（3）在画面中添加一些辅助图形，并围绕文字排列，丰富画面内容，如图8-95所示。

本实训的参考效果如图8-96所示。

图8-93　制作水晶字　　　　　图8-94　添加底纹　　　　　图8-95　添加辅助图形

图8-96　参考效果

高清彩图

素材位置： 素材\第8章\糖果节

效果位置： 效果\第8章\糖果节海报.psd

3. 步骤提示

步骤 01 新建一个尺寸为"60厘米×80厘米"、分辨率为"72像素/英寸"、颜色模式为"RGB颜色"、名称为"糖果节海报"的文件，填充背景为"#f7c2d1"，选择"自定形状工具" ，在工具属性栏中找到"红心形卡"图形，并设置填充为"无"、描边为"#f2a3bf"、宽度为"7"，绘制两个不同大小的描边爱心。

步骤 02 使用"横排文字工具" 在画面中输入文字，并在工具属性中设置字体为"方正胖头鱼简体"，并适当调整文字大小。

步骤 03 打开"图层样式"对话框，分别为文字添加"斜面和浮雕""内阴影""内发光""光泽""颜色叠加""投影"等样式。

步骤 04 打开"贴纸.jpg"素材，将其拖曳至文字中，并创建剪贴蒙版，得到底纹文字。

步骤 05 添加"色相/饱和度"调整图层，调整色相和饱和度参数，并创建图层蒙版，使其只应用于文字调整。

步骤 06 打开"糖果.psd"和"线条.psd"素材，将图像分别放到文字周围，并添加其他文字，按【Ctrl+S】组合键保存文件。

视频教学：
制作糖果节海报

8.3.2 制作七夕节海报

1. 实训背景

某珠宝店准备针对七夕节开展促销活动，以"约会七夕"为主题，并着重展示店内的主推产品，用来做产品形象宣传，希望设计风格较浪漫、唯美，并且产品与背景图像能够自然融合。

2. 实训思路

（1）背景素材。了解海报的设计风格，搜集带有浪漫氛围感的素材图像，并将其与背景自然地融合在一起，如图8-97所示。

（2）添加商品图片。为了更加贴合海报主题，可在海报中添加戒指图像，与花朵图像组合排列，并添加一些线条和圆形等，使画面更有韵律感，如图8-98所示。

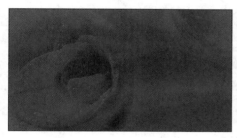 

图8-97　背景素材　　　　　　　　　　　图8-98　添加商品图片

（3）文字排版。为了增加海报的宣传效果，可添加合适的广告文字，并在画面中突出主题文字，使设计整体美观、大方。

本实训的参考效果如图8-99所示。

高清彩图

图8-99　参考效果

素材位置： 素材\第8章\七夕节海报

效果位置： 效果\第8章\七夕节海报.psd

3. 步骤提示

步骤 **01** 新建一个尺寸为"100厘米×56厘米"、分辨率为"72像素/英寸"、颜色模式为"RGB颜色"、名称为"七夕节海报"的文件，填充背景为"#6c2c2f"颜色，打开"玫瑰.psd"素材，使用"移动工具" ✛ 将素材拖曳过来，按【Ctrl+J】组合键复制一次图层，对其应用"高斯模糊"滤镜。

步骤 **02** 为玫瑰图像和复制的图像所在图层添加图层蒙版，使用"画笔工具" ✎ 适当绘制图像边缘，使其与背景自然融合。

视频教学：
制作七夕节
海报

步骤 **03** 添加"戒指.psd"和"背景.psd"素材，为其添加图层蒙版，并调整背景图像的图层混合模式为"叠加"。

步骤 **04** 在画面中添加装饰图形，使用"横排文字工具" **T.** 在画面右侧添加文字内容，然后按【Ctrl+S】组合键保存文件。

8.4 课后练习

练习 1 为相框添加画面

　　商家为了展示相框效果，常常需要将漂亮的画面置入相框中，以得到更好的展示效果。下面将通过创建剪贴蒙版的方式，将一幅花朵图像快速添加到相框中，并达到可以随时替换为其他画面的目的。制作完成后的参考效果如图8-100所示。

高清彩图

图8-100　参考效果

素材位置： 素材\第8章\画面.jpg、相框.jpg

效果位置： 效果\第8章\为相框添加画面.psd

练习 2 制作水晶图标

　　小王在老师的指导下学习了图层样式的应用，课后想制作一个水晶图标，用于网页制作。制作时，可先制作一个渐变色背景，然后绘制出图标外形，添加图层样式，并调整图层不透明度，制作出透明水晶质感的立体效果，参考效果如图8-101所示。

高清彩图

图8-101　参考效果

效果位置： 效果\第8章\水晶图标.psd

第 **9** 章 图像特效

图像特效处理一般是指通过对图像像素点的通道、灰度值等进行一定的计算，从而达到预期的图像效果。通过Photoshop提供的滤镜命令可以为图像添加丰富的特殊效果，且使用方法也较为简单，但要通过滤镜做出好的图像特效，还需要结合多个滤镜一起使用，需具备丰富的经验和想象力。

■ 📖 **学习目标**

 ◎ 掌握滤镜库的基本操作方法
 ◎ 掌握常用滤镜的参数设置方法

■ ✧ **素养目标**

 ◎ 能够制作出富有艺术感染力的设计作品
 ◎ 提高对图像特效的运用、提升赏析能力

■ ◈ **案例展示**

水墨画图像效果

"燃烧的吉他"

光斑效果

滤镜库与独立滤镜

滤镜是Photoshop中十分实用且很具吸引力的功能。使用它可以使普通的图像呈现出素描、油画、水彩等绘制效果。

9.1.1 课堂案例——将实景照片变为水墨画

案例说明：夏季的荷花往往会为人带来幽静且美好的视觉感受，淡淡的粉红色调也特别具有古朴感，展现出荷花独有的气质。小张特别喜欢水墨荷花的感觉，因此特意拍摄了荷花照片，并结合多种滤镜，制作出水墨画图像效果，以突出荷花的清新淡雅之美。本例制作前后的对比效果如图9-1所示。

知识要点：滤镜库的使用；"去色"命令。

素材位置：素材\第9章\制作水墨画图像效果

效果位置：效果\第9章\制作水墨画图像效果.psd

高清彩图

图9-1　制作前后的对比效果

🖋 **设计素养**

水墨画是由水和墨经过调配比例所画出的画，是一种绘画艺术形式，常用于表现具有意象和意境的画面，除黑白色调外，还可以绘制出淡彩图像效果。通过 Photoshop 中的滤镜能得到类似在纸张中晕染的效果，制作出独具特色的水墨画效果。

将实景照片变为水墨画的具体操作步骤如下。

步骤 01 打开"荷花.jpg"素材，如图9-2所示，按【Ctrl+J】组合键复制一次背景图层，得到"图层1"。

步骤 02 选择【图像】/【调整】/【去色】命令，得到黑白图像效果。

步骤 03 选择"背景"图层，按【Ctrl+J】组合键再复制背景图像，并将其放到"图层"面板顶部。

步骤 04 在"图层"面板中设置该图层混合模式为"滤色"，得到如图9-3所示的图像效果。

视频教学：
将实景照片变为
水墨画

图9-2 打开素材

图9-3 图像效果（一）

步骤 05 选择【滤镜】/【滤镜库】命令，打开"滤镜库"对话框，展开"画笔描边"滤镜组，选择"喷溅"滤镜，设置喷色半径、平滑度分别为"17""2"，如图9-4所示。

步骤 06 单击 确定 按钮，得到添加滤镜后的图像效果，如图9-5所示。

步骤 07 在"图层"面板中选择背景图层，按【Ctrl+J】组合键再次复制背景图像，并将其放到"图层"面板顶部，如图9-6所示。

图9-4 设置滤镜参数（一）

图9-5 图像效果（二）

图9-6 复制图层

步骤 08 选择【滤镜】/【滤镜库】命令，打开"滤镜库"对话框，展开"画笔描边"滤镜组，选择"强化的边缘"滤镜，设置参数分别为"7""50""7"，如图9-7所示。

步骤 09 单击 确定 按钮，得到强化的边缘图像效果。

步骤 10 在"图层"面板中设置图层混合模式为"深色"、不透明度为"40%"，如图9-8所示。

⚠ **提示**

　　滤镜对图像的处理是以像素为单位进行的，因此，即使滤镜的参数设置完全相同，有时也会因为图像的分辨率不同而产生不同的效果。

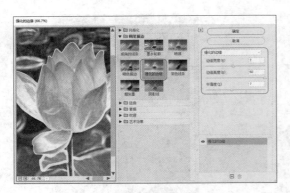

图9-7　设置滤镜参数(二)

图9-8　设置图层混合模式(一)

步骤 11 在"图层"面板中选择"图层1"图层,按【Ctrl+J】组合键复制图层,并将其放到"图层"面板顶部,如图9-9所示。

步骤 12 选择【滤镜】/【模糊】/【高斯模糊】命令,打开"高斯模糊"对话框,设置半径为"5.0"像素,如图9-10所示,单击 确定 按钮,得到模糊图像,如图9-11所示。

图9-9　调整图层顺序

图9-10　设置滤镜参数(三)

图9-11　模糊图像

步骤 13 设置该图层混合模式为"叠加"、不透明度为"70%",如图9-12所示。

步骤 14 打开"文字.psd"和"蜻蜓.psd"素材,使用"移动工具" 将素材拖曳至画面中,如图9-13所示,按【Ctrl+Shift+S】组合键保存文件,并设置名称为"制作水墨画图像效果"。

图9-12　设置图层混合模式(二)

图9-13　图像效果(三)

9.1.2 滤镜库

在Photoshop中，使用滤镜库可以为图像添加多种滤镜并调整参数。选择【滤镜】/【滤镜库】命令，打开如图9-14所示的滤镜库对话框。

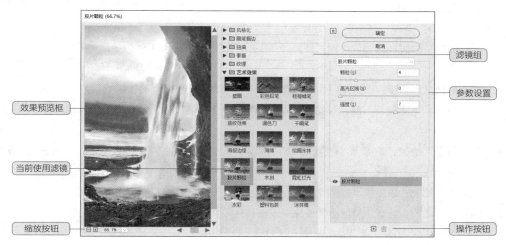

图9-14 滤镜库对话框

滤镜库提出了滤镜效果图层的概念，可以为图像同时应用多个滤镜，每个滤镜被认为是一个滤镜效果图层，与普通图层一样，它们也可进行复制、删除或隐藏等操作，从而叠加滤镜效果，得到更加丰富的特殊图像效果。

- **添加滤镜效果图层**：单击"新建效果图层"按钮 ⊡ ，这时将新建一个滤镜效果图层。该滤镜效果图层将延续上一个滤镜效果图层的命令及参数，如图9-15所示。在滤镜库对话框中间的滤镜列表中选择另一个需要的滤镜，这样就完成了滤镜效果图层的添加，如图9-16所示。

图9-15 新建滤镜效果图层

图9-16 添加滤镜效果图层

- **改变滤镜效果图层叠加顺序**：改变滤镜效果图层的叠加顺序，可以改变图像应用滤镜后的最终效果，只需拖曳要改变顺序的滤镜效果图层到其他滤镜效果图层的上面或下面。
- **隐藏滤镜效果图层**：如果不想观察某一个或多个滤镜效果图层产生的效果，可单击不需要观察的滤镜效果图层前面的眼睛图标 ◉ ，以将该图层隐藏。
- **删除滤镜效果图层**：对于不再需要的滤镜效果图层，可以先选择要删除的滤镜效果图层，然后单击底部的"删除效果图层" 🗑 按钮删除该滤镜效果图层。

下面将分别介绍滤镜库中常用滤镜的作用和效果。

1. 画笔描边组滤镜

画笔描边组滤镜用于模拟不同的画笔或油墨笔刷来勾画图像，产生绘画效果，该组滤镜提供以下8种滤镜。

- "喷溅"和"喷色描边"滤镜："喷溅"滤镜可模拟喷枪绘画效果，使图像产生笔墨喷溅效果，好像用喷枪在画面上喷上了许多彩色小颗粒。而使用"喷色描边"滤镜可以使图像产生斜纹飞溅效果。
- "墨水轮廓"滤镜：该滤镜可模拟使用纤细的线条在图像原细节上重绘图像，从而生成钢笔画风格的图像效果。
- "强化的边缘"滤镜：该滤镜可使图像中颜色对比较大处产生高亮的边缘效果。
- "成角的线条"滤镜：该滤镜可使图像中的颜色按一定的方向进行流动，从而产生类似倾斜划痕的效果。
- "深色线条"滤镜：该滤镜可使用短而密的线条来绘制图像中的深色区域，用长而白的线条来绘制图像中颜色较浅的区域。
- "烟灰墨"滤镜：该滤镜可模拟使用蘸满黑色油墨的湿画笔在宣纸上绘画的效果。
- "阴影线"滤镜：该滤镜可使图像表面生成交叉状倾斜划痕效果。

图9-17所示为应用部分画笔描边组滤镜的效果展示。

图9-17　应用部分画笔描边组滤镜的效果展示

2. 素描组滤镜

素描滤镜组用于在图像中添加纹理，使图像产生素描、速写及三维的艺术效果，该组滤镜提供以下14种滤镜。

- "便条纸"滤镜：该滤镜可模拟凹陷压印图案，使图像产生草纸画效果。
- "半调图案"滤镜：该滤镜可使用前景色和背景色在图像中产生网板图案效果。
- "图章"滤镜：该滤镜可模拟图章盖在纸上产生的颜色不连续效果。
- "基底凸现""石膏效果"和"影印"滤镜：这3个滤镜分别可使图像产生浮雕、石膏和影印效果。
- "撕边"滤镜：该滤镜可用前景色来填充图像的暗部区，用背景色来填充图像的高亮度区，并且在颜色相交处产生粗糙及撕破的纸片形状效果。
- "水彩画纸"滤镜：该滤镜可模拟在潮湿的纤维纸上涂抹颜色而产生画面浸湿、颜料扩散的效果。
- "炭笔""炭精笔"和"粉笔和炭笔"滤镜："炭笔"滤镜可模拟使用炭笔在纸上绘画的效果，"炭精笔"滤镜可模拟使用炭精笔绘画的效果，"粉笔和炭笔"滤镜则可模拟同时使用粉笔和炭笔绘画的效果。

- "绘图笔"滤镜：该滤镜可使图像产生钢笔画效果。
- "网状"滤镜：该滤镜可使用前景色和背景色填充图像，产生一种网眼覆盖的效果。
- "铬黄渐变"滤镜：该滤镜可使图像中的颜色产生流动效果，从而产生液态金属流动的图像效果。

图9-18所示为应用部分素描组滤镜效果展示。

图9-18　应用部分素描组滤镜效果展示

🔔 **提示**

　　"铬黄渐变"滤镜常用来制作生锈效果，但被处理的图像要具有层次分明的高色调、半色调和低色调。

3．纹理组滤镜

纹理组滤镜与素描组滤镜一样，也用于在图像中添加纹理，以表现出纹理化的图像效果。该组滤镜提供以下6种滤镜。

- "拼缀图"滤镜：该滤镜可将图像分割成无数规则的小方块，模拟建筑拼贴瓷砖的效果。
- "染色玻璃"滤镜：该滤镜可在图像中根据颜色的不同产生不规则的多边形彩色玻璃块，玻璃块的颜色由该块内像素的平均颜色来确定。
- "纹理化"滤镜：该滤镜可为图像添加预知的纹理图案，从而使图像产生纹理压痕的图像效果。
- "颗粒"滤镜：该滤镜可在图像中随机加入不同类型的、不规则的颗粒，以使图像产生颗粒纹理效果。
- "马赛克拼贴"和"龟裂缝"滤镜：这两个滤镜分别可使图像产生类似马赛克拼贴和浮雕的效果。

图9-19所示为应用部分纹理组滤镜的效果展示。

图9-19　应用部分纹理组滤镜的效果展示

4．艺术效果组滤镜

艺术效果组滤镜主要为用户提供模仿传统绘画手法的途径，可以为图像添加天然或传统的艺术图像效果。该组滤镜提供以下15种滤镜。

- "塑料包装"滤镜：该滤镜可使图像表面产生像透明塑料袋包裹物体时的效果。
- "壁画"滤镜：该滤镜可使图像产生古壁画的粗犷风格效果。
- "干画笔"滤镜：该滤镜可使图像产生一种不饱和的、干燥的油画效果。
- "底纹效果"滤镜：该滤镜可使图像产生喷绘图像的效果。
- "彩色铅笔"滤镜：该滤镜可模拟使用彩色铅笔在图纸上绘画的效果。
- "木刻"滤镜：该滤镜可使图像产生类似木刻画的效果。
- "水彩"滤镜：该滤镜可简化图像细节，并模拟使用水彩笔在图纸上绘画的效果。
- "海报边缘"滤镜：该滤镜可降低图像中的颜色复杂度，在颜色变化大的区域边界填上黑色，使图像产生海报画的效果。
- "海绵"滤镜：该滤镜可使图像产生海绵吸水后的图像效果。
- "涂抹棒"滤镜：该滤镜可模拟使用粉笔或蜡笔在图纸上涂抹的效果。
- "粗糙蜡笔"滤镜：该滤镜可模拟蜡笔在纹理背景上绘画时的效果，生成一种纹理浮雕效果。
- "绘画涂抹"滤镜：该滤镜可模拟用手指在湿画上涂抹的模糊效果。
- "胶片颗粒"滤镜：该滤镜可在图像表面产生胶片颗粒状的纹理效果。
- "调色刀"滤镜：该滤镜可减少图像细节，产生类似写意画的效果。
- "霓虹灯光"滤镜：该滤镜可在图像中颜色对比反差较大的边缘处产生类似霓虹灯发光的效果。

图9-20所示为应用部分艺术效果组滤镜的效果展示。

| 原图 | 彩色铅笔 | 粗糙蜡笔 | 绘画涂抹 |

图9-20　应用部分艺术效果组滤镜的效果展示

🔔 **提示**

滤镜命令只能作用于当前正在编辑的、可见的图层或图层中的选定区域，如果没有选定区域，系统会将整个图层视为当前选定区域。

9.1.3　自适应广角

若想为图像制作具有视觉冲击力的效果，如增强图像的透视关系，可选择使用"自适应广角"滤镜来处理。选择【滤镜】/【自适应广角】命令，打开"自适应广角"对话框，如图9-21所示。

图9-21 "自适应广角"对话框

- "约束工具" ：选择该工具后，使用鼠标指针在图像上单击或拖曳，可设置线性约束。
- "多边形约束"工具 ：选择该工具后，使用鼠标指针在图像中单击，可设置多边形约束。
- "移动工具" ：选择该工具后，拖曳鼠标指针可移动图像内容。
- "抓手工具" ：选择该工具后，放大图像后可使用该工具移动显示区域。
- "缩放工具" ：选择该工具后，可在预览框中放大或缩小图像。
- 校正：用于选择校正的类型。
- 缩放：用于设置图像的缩放情况。
- 焦距：用于设置图像的焦距情况。
- 裁剪因子：用于设置需要裁剪的像素。

9.1.4 镜头校正

使用相机拍摄照片时可能因为一些外在因素造成如镜头失真、晕影、色差等情况。这时可通过"镜头校正"滤镜对图像进行校正，修复因镜头而出现的问题。选择【滤镜】/【镜头校正】命令，打开"镜头校正"对话框，可在右侧单击"自定"后在其中设置校正参数，如图9-22所示。

图9-22 "镜头校正"对话框

"镜头校正"对话框中各选项的作用如下。

- **"移去扭曲工具"** : 选择该工具后，使用鼠标指针拖曳图像可矫正镜头的失真。
- **"拉直工具"** : 选择该工具后，拖曳鼠标指针绘制一条直线，可以将图像拉直到新的横轴或纵轴。
- **"移动网格工具"** : 选择该工具后，使用鼠标指针可移动网格，使网格和图像对齐。
- **几何扭曲**：用于配合"移去扭曲工具" 校正镜头失真。当数值为负值时，图像将向外扭曲；当数值为正值时，图像将向内扭曲。
- **色差**：用于校正图像的色边。
- **晕影**：用于校正因为拍摄产生的边缘较暗的图像。其中，数量用于设置沿图像边缘变亮或变暗的程度，中点用于控制校正的范围区域。
- **变换**：用于校正相机向上或向下出现的透视问题。设置垂直透视为"-100"时图像变为俯视效果；设置水平透视为"100"时图像变为仰视效果。角度选项用于旋转图像，可校正相机的倾斜。比例用于控制镜头校正的比例。

9.1.5　Camera Raw

"Camera Raw"滤镜主要用于调整数码照片。RAW格式是数码相机的源文件格式，记录着感光部件接收到的原始信息，具备丰富的色彩。

选择【滤镜】/【Camera Raw滤镜】命令，打开"Camera Raw"对话框。在该对话框中可以对图像进行色彩调整、变形、去除污点和去除红眼等操作，如图9-23所示，在对话框右侧可以通过调整各项参数来调整照片色调。

图9-23　"Camera Raw"对话框

🔔 提示

　　"Camera Raw"滤镜主要用于数码照片的调色处理，调整各项参数后，按【P】键，可以在原图与调整后的图像之间来回切换，便于用户查看调色前后的对比效果。

9.1.6　课堂案例——使用"液化"滤镜为人物瘦身

案例说明： 某影楼为客户拍摄了一组外景照，需要对部分人物照片做处理，主要通过滤镜对腰部、手部进行收缩，达到瘦身的目的，完成前后的对比效果如图9-24所示。

知识要点： "液化"滤镜工具参数的设置；向前变形工具。

素材位置： 素材\第9章\背影.jpg

效果位置： 效果\第9章\为人物瘦身.psd

高清彩图

图9-24　完成前后的对比效果

使用"液化"滤镜为人物瘦身的具体操作步骤如下。

步骤 01 打开"背影.jpg"素材，可以看到图像中人物的腰部和手臂都较粗，选择【滤镜】/【液化】命令，打开"液化"对话框，如图9-25所示。

图9-25　"液化"对话框

视频教学：
使用"液化"
滤镜为人物瘦身

步骤 02 选择"向前变形工具" 🖐，在"画笔工具选项"栏中设置画笔大小为"150"、画笔密度为"50"、画笔压力为"15"，在人物左侧腰部按住鼠标左键不放并向右拖曳，如图9-26所示。

步骤 03 继续在左侧腰部进行收缩，得到明显的弧度图像，瘦身效果如图9-27所示。

图9-26　修饰左侧腰部　　　　　　　　　　　**图9-27　瘦身效果**

步骤 04 在"画笔工具选项"中设置画笔大小为"100",对人物右侧腰部做向左收缩操作,如图9-28所示。

步骤 05 对人物的手臂做一定程度的收缩操作,效果如图9-29所示,按【Ctrl+Shift+S】组合键保存文件,并设置文件名称为"为人物瘦身"。

图9-28 收缩右侧腰部图像

图9-29 收缩手臂图像

9.1.7 "液化"

"液化"滤镜可以对图像的任意部分进行各种类似液化效果的变形处理,如收缩、膨胀、旋转等,多用于人物修身。在液化过程中,可以对各种效果的程度进行随意控制。选择【滤镜】/【液化】命令,即可打开"液化"对话框,如图9-30所示。

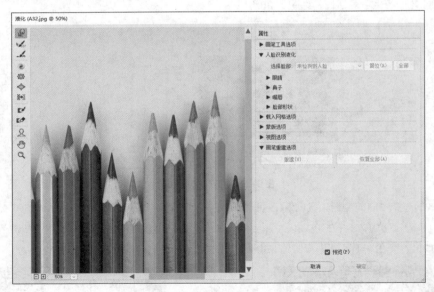

图9-30 "液化"对话框

"液化"对话框中主要选项的作用如下。

● "向前变形工具" ☺：选择该工具后,在图像中涂抹,可使被涂抹区域内的图像产生向前位移的效果。

● "重建工具" ☑：选择该工具后,在液化变形后的图像上涂抹,可将图像中的变形效果还原为原图像。

- "平滑工具" ：选择该工具后，在图像中涂抹，可以使图像平滑地变形。
- "顺时针旋转扭曲工具" ：选择该工具后，在图像中按住鼠标左键不放，可以使图像产生顺时针旋转效果。
- "褶皱工具" ：选择该工具后，在图像中涂抹，可以使图像产生向内压缩变形的效果。
- "膨胀工具" ：选择该工具后，在图像中涂抹，可以使图像产生向外膨胀放大的效果。
- "左推工具" ：选择该工具后，在图像中涂抹，可以使图像中的像素产生位移的变形效果。
- "冻结蒙版工具" 和"解冻蒙版工具" ："冻结蒙版工具" 用于将不需要变形的图像冻结起来，该区域将不受到变形处理影响；而"解冻蒙版工具" 用于解除冻结。
- "脸部工具" ：选择该工具后，将自动检测到图像中的人物脸部图像，进行调整。
- "抓手工具" ：选择该工具后，可在预览框中抓取图像，以查看图像显示区域。
- "缩放工具" ：选择该工具后，在图像预览框上单击鼠标左键，或按住【Alt】键的同时单击鼠标左键可放大/缩小图像显示区域。

技能提升

图9-31所示为将一张普通照片制作成油画效果的前后对比，请结合本小节所讲述的知识，分析该作品并进行练习。

（1）制作油画效果可以通过叠加滤镜库中的多个滤镜来实现，思考需要添加哪些滤镜才能制作出这种效果？并分析参数设置的不同对画面效果的影响。

高清彩图

效果示例

（2）尝试利用提供的素材（素材位置：素材\第9章\水果.jpg），将其制作成更具质感的油画效果图像，从而增强自己的动手能力。

图9-31 将一张普通照片制作成油画效果的前后对比

9.2 其他滤镜组

除滤镜库中的滤镜外，Photoshop还内置了一些其他滤镜，下面将重点介绍除滤镜库提供的滤镜组以外的其他滤镜组。

9.2.1 课堂案例——制作"燃烧的吉他"

案例说明: 小林学习滤镜后感受到了使用特效带来的视觉冲击力,为了更好地增强软件操作能力,特意选择不同的图像混合到一个画面中,并添加相应的背景,以得到不同的视觉感受。本例的参考效果如图9-32所示。

知识要点: "分层云彩"滤镜、"径向模糊"滤镜。

素材位置: 素材\第9章\吉他.psd

效果位置: 效果\第9章\制作燃烧的吉他.psd

制作"燃烧的吉他"的具体操作步骤如下。

高清彩图

图9-32 参考效果

步骤 01 新建一个尺寸为"11厘米×14厘米"、分辨率为"100像素/英寸"、颜色模式为"RGB颜色"的文件,填充背景为"白色",选择【滤镜】/【渲染】/【分层云彩】命令,得到"分层云彩"滤镜效果,如图9-33所示。

步骤 02 多次按【Alt+Ctrl+F】组合键重复操作,得到层次感更深的"分层云彩"滤镜效果,如图9-34所示。

视频教学:
制作"燃烧的吉他"

图9-33 "分层云彩"滤镜效果　　　图9-34 多次操作后的效果

步骤 03 选择【图像】/【调整】/【亮度/对比度】命令,在打开的"亮度/对比度"对话框中设置亮度和对比度参数,如图9-35所示。

步骤 04 单击 确定 按钮,得到增加亮度和对比度后的图像效果,如图9-36所示。

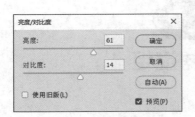

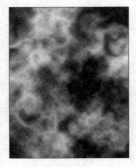

图9-35 调整参数　　　　　　　图9-36 图像效果

步骤 05 选择【图层】/【新建调整图层】/【渐变映射】命令，在打开的对话框中保持默认设置，进入"属性"面板，单击渐变色条，设置渐变颜色为"#200303～#e1241e～#fff100～#fffeee"，得到火焰图像背景，如图9-37所示。

步骤 06 选择背景图层，选择【滤镜】/【模糊】/【径向模糊】命令，打开"径向模糊"对话框；设置数量为"30"、模糊方法为"缩放"、品质为"最好"，在"中心模糊"框右上方单击以确定模糊点，如图9-38所示。

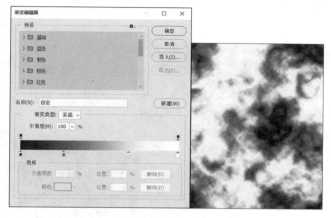

图9-37　火焰图像背景

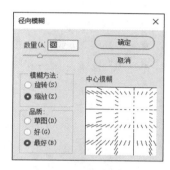

图9-38　设置滤镜参数

步骤 07 单击 确定 按钮，得到径向模糊效果，如图9-39所示。

步骤 08 打开"吉他.psd"素材，使用"移动工具" 将素材拖曳到当前编辑的图像中，适当调整图像尺寸，放到画面中间，在"图层"面板中将该图层调整到背景图层上方，按【Ctrl+S】组合键保存文件，并设置名称为"制作燃烧的吉他"，最终效果如图9-40所示。

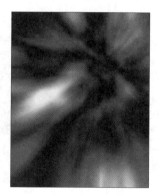

图9-39　径向模糊效果

图9-40　最终效果

9.2.2　风格化滤镜组

风格化滤镜组主要通过移动和置换图像的像素并提高图像像素的对比度来产生印象派及其他风格化的效果。该组滤镜提供了9种滤镜，只有"照亮边缘"滤镜位于滤镜库中，其他滤镜可以在选择【滤镜】/【风格化】命令后，在弹出的子菜单中进行选择。

- **"照亮边缘"滤镜**：该滤镜可在图像中颜色对比反差较大的边缘产生发光效果，并加重发光轮廓。
- **"凸出"滤镜**：该滤镜可将图像分成一系列大小相同但有序叠放的三维块或立方体，从而扭曲图像并产生特殊的三维背景效果。
- **"扩散"滤镜**：该滤镜可使图像产生透过磨砂玻璃观察图像一样的分离模糊效果。
- **"拼贴"滤镜**：该滤镜可将图像分割成若干小块并进行位移，以产生瓷砖拼贴般的效果。
- **"曝光过度"滤镜**：该滤镜可使图像产生正片和负片混合的效果，类似于摄影中增加光线强度产生的过度曝光效果。
- **"查找边缘"滤镜**：该滤镜可使图像中相邻颜色之间产生用铅笔勾画过的轮廓效果。
- **"浮雕"滤镜**：该滤镜可将图像中颜色较亮的图像分离出来，并降低周围颜色生成浮雕效果。
- **"等高线"滤镜**：该滤镜可沿图像的亮区和暗区的边界绘出比较细、颜色比较浅的轮廓效果。
- **"风"滤镜**：该滤镜可在图像中添加一些短而细的水平线来模拟风吹效果。

图9-41所示为应用部分风格化滤镜组的效果展示。

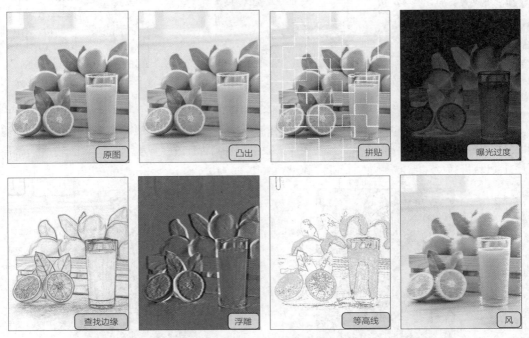

图9-41 应用部分风格化滤镜组的效果展示

9.2.3 模糊滤镜组

模糊滤镜组通过削弱图像中相邻像素的对比度，使相邻像素间过渡平滑，从而产生边缘柔和、模糊的效果。该组滤镜提供的11种滤镜效果，均可在选择【滤镜】/【模糊】命令后，在弹出的子菜单中进行选择。

- **"动感模糊"滤镜**：该滤镜可通过对图像中某一方向上的像素进行线性位移来产生运动的模糊效果。

- **"平均"滤镜**：该滤镜可通过对图像中的平均颜色值进行柔化处理，从而产生模糊效果，该滤镜无参数设置对话框。

- **"形状模糊"滤镜**：该滤镜可使图像按照某一形状进行模糊处理。

- **"径向模糊"滤镜**：该滤镜可使图像产生旋转或放射状的模糊效果。

- **"方框模糊"滤镜**：该滤镜可以图像中邻近像素颜色的平均值为基准进行模糊。

- **"模糊"滤镜**：该滤镜可对图像中边缘过于清晰的颜色进行模糊处理，达到模糊的效果，该滤镜无参数设置对话框。

- **"进一步模糊"滤镜**：与"模糊"滤镜对图像产生的模糊效果相似，但要比"模糊"滤镜的效果强3～4倍，该滤镜无参数设置对话框。

- **"镜头模糊"滤镜**：该滤镜可使图像模拟摄像时镜头抖动产生的模糊效果。

- **"高斯模糊"滤镜**：该滤镜可对图像总体进行模糊处理。

- **"特殊模糊"和"表面模糊"滤镜**："特殊模糊"滤镜可通过找出并模糊图像边缘以内的区域，从而产生一种清晰边界的模糊效果；而"表面模糊"滤镜可模糊边缘以外的区域。

图9-42所示为应用部分模糊滤镜组的效果展示。

图9-42 应用部分模糊滤镜组的效果展示

9.2.4 扭曲滤镜组

扭曲滤镜组主要用于对图像进行扭曲变形，其中"扩散亮光""海洋波纹"和"玻璃"滤镜位于滤镜库中，其他滤镜可以在选择【滤镜】/【扭曲】命令后，在弹出的子菜单中进行选择。

- **"扩展亮光"滤镜**：该滤镜可产生一种弥漫的光热效果，使图像中较亮的区域产生一种光照效果。

- "海洋波纹"滤镜：该滤镜可使图像产生一种在海水中漂浮的效果。
- "玻璃"滤镜：该滤镜可使图像产生一种透过玻璃观察图像的效果。
- "切变"滤镜：该滤镜可使图像在竖直方向产生弯曲的效果。
- "挤压"滤镜：该滤镜可使图像产生向内或向外挤压变形的效果，在"挤压"对话框中的"数量"数值框中输入数值来控制挤压效果。
- "旋转扭曲"滤镜：该滤镜可使图像沿中心产生顺时针或逆时针的旋转风轮效果。
- "极坐标"滤镜：该滤镜可通过改变图像坐标的方式使图像产生极端变形效果。
- "水波"滤镜：该滤镜可使图像产生起伏状的水波纹和旋转效果。
- "波浪"滤镜：该滤镜可通过设置波长使图像产生波浪涌动的效果。
- "波纹"滤镜：该滤镜可使图像产生类似水波荡漾的涟漪效果。
- "球面化"滤镜：该滤镜可模拟将图像包在球上并扭曲、伸展来适合球面而产生的球面化效果。

图9-43所示为应用部分扭曲滤镜组的效果展示。

图9-43 应用部分扭曲滤镜组的效果展示

9.2.5 像素化滤镜组

像素化滤镜组主要通过将图像中相似颜色值的像素转化成单元格的方法，使图像分块或平面化。该组滤镜提供的7种滤镜效果，均可在选择【滤镜】/【像素化】命令后，在弹出的子菜单中进行选择。

- "彩块化"滤镜：该滤镜可使图像中的纯色或相似颜色凝结为彩色块，从而产生类似宝石刻画的效果，该滤镜没有参数设置对话框。

- "彩色半调"滤镜：该滤镜可将图像分成矩形栅格，并向栅格内填充像素。
- "点状化"滤镜：该滤镜可在图像中随机产生彩色斑点，点与点间的空隙用背景色填充。
- "晶格化"滤镜：该滤镜可使图像中颜色相近的像素集中到一个像素的多角形网格中，从而使图像清晰化。
- "马赛克"滤镜：该滤镜可把图像中具有相似色彩的像素统一合成更大的方块，从而产生类似马赛克的效果。
- "碎片"滤镜：该滤镜可将图像中的像素复制4遍，然后将它们平均移位并降低不透明度，从而形成一种不聚焦的"四重视"效果，该滤镜没有参数设置对话框。
- "铜版雕刻"滤镜：该滤镜可在图像中随机分布各种不规则的线条和虫孔斑点，从而产生类似镂刻的版画效果。

图9-44所示为应用像素化滤镜组的效果展示。

图9-44 应用部分像素化滤镜组的效果展示

🔔 **提示**

像素化滤镜组将图像分块或平面化后，并不是真正地改变图像像素的形状，只是在图像中表现出某种基础形状的特征，以形成一些类似形状变化的像素。

9.2.6 渲染滤镜组

渲染滤镜组主要用于模拟光线照明效果。该组滤镜提供的5种滤镜效果，均可在选择【滤镜】/【渲染】命令后，在弹出的子菜单中进行选择。

- "云彩"滤镜：该滤镜可通过在前景色和背景色之间随机地抽取像素并完全覆盖图像，从而产生类似柔和云彩的效果，该滤镜无参数设置对话框。
- "分层云彩"滤镜：该滤镜产生的效果与原图像的颜色有关，它不像"云彩"滤镜那样完全覆盖图像，而是在图像中添加分层云彩效果。
- "光照效果"滤镜：该滤镜可使用不同类型的光源对图像进行照射，从而使图像产生类似三维照明的效果。
- "纤维"滤镜：该滤镜将前景色和背景色混合生成一种纤维效果。
- "镜头光晕"滤镜：该滤镜通过为图像添加不同类型的镜头来模拟镜头产生的眩光效果。

图9-45所示为应用部分渲染滤镜组的效果展示。

图9-45 应用部分渲染滤镜组的效果展示

使用"镜头光晕"滤镜后怎样对其做调整？

使用"镜头光晕"滤镜后将会直接在所选图层中添加光效，所以，当完成应用滤镜操作后不能修改光效的位置或亮度等属性。如果新建一个空白图层，并填充为黑色，调整混合模式为"滤色"，即可得到一个单独的光晕图层，方便用户调整光晕的位置、大小等。

9.2.7 锐化滤镜组

锐化滤镜组主要通过增强相邻像素间的对比度来减弱甚至消除图像的模糊，使图像轮廓分明、效果清晰。该组滤镜提供的5种滤镜效果，均可在选择【滤镜】/【锐化】命令后，在弹出的子菜单中进行选择。

- "USM锐化"滤镜：该滤镜可增大相邻像素之间的对比度，以使图像边缘清晰。
- "智能锐化"滤镜：该滤镜可通过设置锐化算法来锐化图像。
- "锐化"滤镜：该滤镜可用来增加图像像素间的对比度，使图像清晰化。该滤镜无参数设置对话框。
- "进一步锐化"滤镜：该滤镜和"锐化"滤镜功效相似，只是锐化效果更加强烈。该滤镜无参数设置对话框。

● **"锐化边缘"滤镜**：该滤镜可锐化图像的轮廓，使不同颜色之间的分界更加明显，该滤镜无参数设置对话框。

图9-46所示为应用部分锐化滤镜组的效果展示。

图9-46　应用部分锐化滤镜组的效果展示

9.2.8　杂色滤镜组

杂色滤镜组主要用来向图像中添加杂点或去除图像中的杂点。该组滤镜提供的5种滤镜效果，均可在选择【滤镜】/【杂色】命令后，在弹出的子菜单中进行选择。

● **"减少杂色"滤镜**：该滤镜可消除图像中的杂色。
● **"蒙尘与划痕"滤镜**：该滤镜可将图像中有缺陷的像素融入周围的像素中，从而达到除尘和涂抹的效果。
● **"去斑"滤镜**：该滤镜可对图像进行轻微的模糊、柔化处理，从而达到掩饰图像中的细小斑点、消除轻微折痕的效果，该滤镜无参数设置对话框。
● **"添加杂色"滤镜**：该滤镜可向图像中随机地添加杂点，并添加一些细小的颗粒状像素。
● **"中间值"滤镜**：该滤镜可混合图像中像素的亮度来减少图像中的杂色。

图9-47所示为应用部分杂色滤镜组的效果展示。

图9-47　应用部分杂色滤镜组的效果展示

> 🔔 **提示**
>
> 　　当在"蒙尘与划痕"滤镜的对话框中设置过大的半径时，图像会产生强烈的模糊效果，这时可通过增大阈值来增强像素间的对比度，从而使图像变得清晰。

技能提升

图9-48所示为结合多种滤镜制作出的光斑图像效果。请结合本小节所讲述的知识，分析该作品并进行练习。

（1）制作光斑图像首先需要使用"添加杂色"和"高斯模糊"滤镜，再结合"阈值"命令得到图像效果，思考要实现彩色光斑，还需要进行哪些操作？

_____

_____

（2）尝试为提供的素材（素材位置：素材\第9章\酒杯.jpg）制作一张五彩缤纷的光斑图像，从而增强实践能力。

高清彩图

效果示例

图9-48　光斑图像效果

9.3
课堂实训

9.3.1　制作唯美阳光照射图像

1. 实训背景

阳光明媚的森林是令人向往的场景。本实训要求结合多种滤镜，在一张普通的风景照片中添加阳光照射效果，让画面充满唯美、梦幻的感觉。

2. 实训思路

（1）寻找素材。首先选择合适的风景照片，画面需要能让人产生舒适感，使人观看后能够心情愉悦，如图9-49所示。

（2）应用滤镜。思考光照效果的特殊线条感，找到合适的滤镜，制作出具有斜向线条感的阳光图像，如图9-50所示。

（3）后期处理。调整图像的图层混合模式，使阳光图像与背景完美融合，得到唯美阳光照射的图像效果。

本实训的参考效果如图9-51所示。

高清彩图

素材位置：素材\第9章\树林.jpg

效果位置：效果\第9章\制作唯美阳光照射图像.psd

图9-49 展示素材　　　　图9-50 应用滤镜　　　　图9-51 参考效果

3. 步骤提示

步骤 01 打开"树林.jpg"素材，单击"图层"面板下方的"创建新图层"按钮 ，新建一个图层，将背景填充为"白色"。

步骤 02 设置背景色为"白色"。选择【滤镜】/【像素化】/【点状化】命令，打开"点状化"对话框，设置单元格大小为"40"，单击 确定 按钮后得到点状化图像效果。

步骤 03 选择【图像】/【调整】/【阈值】命令，打开"阈值"对话框，将下方的三角形滑块向右拖曳，得到黑白色块效果。

步骤 04 选择【滤镜】/【模糊】/【动感模糊】命令，打开"动感模糊"对话框，设置参数，使其呈斜向模糊效果。

步骤 05 在"图层"面板中设置图层混合模式为"叠加"，再添加图层蒙版，擦除部分图像，得到更加自然的阳光照射效果，最后按【Ctrl+Shift+S】组合键保存文件，并设置名称为"制作唯美阳光照射图像"。

视频教学：
制作唯美阳光照
射图像

9.3.2 制作素描图像效果

1. 实训背景

一张手绘素描图像作品通常需要很多时间才能完成，但是通过Photoshop就可以快速制作出素描风格的图像效果。下面使用滤镜命令将一张普通的静物图制作成素描图像。

2. 实训思路

（1）确定画面基调。根据素描图像的基本色调，对图像进行去色处理，如图9-52所示。

（2）叠加滤镜。选择合适的滤镜，并通过多个滤镜的叠加效果，制作出黑白线条感，如图9-53所示。

本实训的参考效果如图9-54所示。

素材位置： 素材\第9章\郁金香.jpg

效果位置： 效果\第9章\制作素描图像效果.psd

高清彩图

图9-52 展示素材

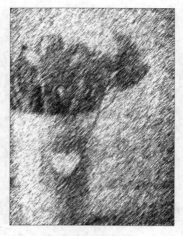

图9-53 添加滤镜

图9-54 参考效果

3. 步骤提示

步骤 01 打开"郁金香.jpg"素材，按【Ctrl+J】组合键复制一次背景图层。

步骤 02 选择【图像】/【调整】/【去色】命令，获得黑白效果。

步骤 03 为图像应用"添加杂色"和"动感模糊"滤镜，得到黑白动感模糊图像效果。

步骤 04 在"滤镜库"对话框中为图像应用"绘图笔"滤镜，得到类似素描的笔触效果。

视频教学：
制作素描图像
效果

步骤 05 再次复制背景图层，并将其移动到"图层"面板顶部，为其应用"高反差保留"滤镜，并设置图层混合模式为"正片叠底"。

步骤 06 再次复制背景图层，并将其移动到"图层"面板顶部，为其应用"查找边缘"滤镜，并设置图层混合模式为"强光"，得到素描图像效果，按【Ctrl+Shift+S】组合键保存文件，并设置名称为"制作素描图像效果"。

9.4 课后练习

练习 1 制作流光溢彩时钟

将不同的图像合成在一起后，可以使用滤镜为图像添加特殊效果，让完全不相关的图像变得自然、和谐。本练习将时钟拖曳到紫色背景图像中，使用"液化"滤镜对时钟图像进行操作，并为其添加彩色渐变效果，制作完成后的参考效果如图9-55所示。

素材位置： 素材\第9章\紫色背景.jpg、时钟.psd、光.psd

效果位置： 效果\第9章\制作流光溢彩时钟.psd

高清彩图

图9-55 参考效果

练习 2 制作正午阳光效果

马丽带女儿玩耍时拍了一张漂亮的照片，想通过后期制作添加一些阳光效果。制作时，主要需要运用"照片滤镜"命令、"曲线"命令，以及"镜头光晕"滤镜等的相关知识，图像制作前后的对比效果如图9-56所示。

高清彩图

素材位置：素材\第9章\草坪.jpg

效果位置：效果\第9章\制作正午阳光效果.psd

图9-56 图像制作前后的对比效果

第 **10** 章 综合案例

本章将运用前面所学知识制作多个应用领域的商业案例，包括企业标志设计、海报设计、包装设计、App界面设计和网页设计等，每个案例都通过案例背景、案例要求提出设计需求，再通过制作思路对Photoshop中的知识点进行综合应用，从而使读者快速掌握使用Photoshop设计与制作商业案例的方法。

📖 **学习目标**

◎ 掌握企业标志设计、海报设计和包装设计的方法
◎ 掌握App界面设计和网页设计的方法

◈ **素养目标**

◎ 提高对完整案例的分析与制作能力
◎ 激发对企业标志设计、海报设计、包装设计、App界面设计和网页
　设计的学习兴趣

◈ **案例展示**

企业标志设计　　　中秋节海报设计　购物 App 界面设计　　零食包装设计

图标设计——企业标志设计

10.1.1 案例背景

　　仁和科技公司刚刚成立，主要以销售自动化电器芯片为主，为了树立良好的公司形象，首先需要设计一款具有代表性的标志。标志是一个企业的名片，一个好的标志会让人在无形中对企业有更多的记忆。仁和科技公司希望设计的标志能够新颖时尚、体现出科技感，能够使人们在看到标志的同时，自然地产生联想，产生对企业的认同感。

10.1.2 案例要求

　　为更好地完成本例的企业标志设计，在制作时，需要满足以下要求。

　　（1）根据企业经营内容和特色，确定好标志的造型设计，设计出具有现代简约感和科技感的造型，让企业标志变成一种图形艺术的设计。

　　（2）由于企业产品为自动化电器芯片，该产品具有较强的科技特色，所以要求在设计标志时选择合适的色调，让标志具有浓厚的科技感。

　　（3）在制作时，可以将企业名称的首字母作为主要文字提炼出来，选择一个粗壮且严谨的字体，放到标志图形中，增强视觉表现力，强化标志的可识别性和易记忆性。

　　（4）为了便于展示标志设计效果，还要求寻找一个合适的背景，让企业更加明了标志后期应用的实际效果。

　　（5）本例标志设计要求尺寸为10厘米×10厘米、分辨率为100像素/英寸、颜色模式为RGB颜色模式，最终格式除了要保存一份可修改的PSD文件外，还需导出一份便于预览和传播的JPEG图像文件。

　　本例制作完成后的参考效果如图10-1所示。

　　素材位置： 素材\第10章\企业标志设计素材\标志背景.jpg

　　效果位置： 效果\第10章\企业标志设计.psd

高清彩图

图10-1　参考效果

✍ 设计素养

标志是品牌形象的核心部分，是表明事物特征的识别符号。它以单纯、显著、易识别的形象、图形或文字符号为直观语言，除表示什么、代替什么之外，还具有表达意义、情感和指示行动等作用。好的企业标志对企业是非常有帮助的，主要体现在以下3个方面。

第一，借助标志，可以使公司形象统一，同时统一日常工作中经常使用的名片、信纸、信封的风格等。

第二，标志能给企业一个特别的身份证明，人们正是通过标志传达的信息才能识别是哪一家企业。

第三，标志是企业的资产，是企业区别于其他竞争对手的一种形式。

10.1.3 制作思路

本案例的制作主要分为2个部分，其具体制作思路如下。

1. 绘制标志

步骤 01 新建一个尺寸为"10厘米×10厘米"、分辨率为"100像素/英寸"、颜色模式为"RGB颜色"、名称为"企业标志设计"的文件，新建一个图层，选择"椭圆选框工具" ⬭ ，按住【Shift】键绘制一个圆形选区。

步骤 02 选择"渐变工具" ⬛ ，单击工具属性栏左侧的渐变色条，打开"渐变编辑器"对话框，并设置颜色为"#00a5c9～#178180"。

步骤 03 在工具属性栏中单击"线性渐变"按钮 ⬛ ，在选区左上方按住鼠标左键不放并向右下方拖曳，应用渐变填充，如图10-2所示。

步骤 04 新建一个图层，选择"椭圆选框工具" ⬭ ，按住【Shift】键再绘制一个圆形选区。

步骤 05 设置前景色为"#00a4c7"，按【Alt+Delete】组合键填充选区。

步骤 06 适当缩小圆形，并将其与渐变圆形放到一起组合，如图10-3所示。

步骤 07 继续使用"椭圆选框工具" ⬭ ，在图像中绘制多个不同大小的圆形选区，填充颜色"#00a4c7"，如图10-4所示。

视频教学：
企业标志设计

图10-2 绘制渐变圆形

图10-3 绘制圆形

图10-4 绘制多个圆形

2. 输入文字

步骤 01 选择"横排文字工具" T ，在圆形中输入字母"R"，在工具属性栏中设置字体为"方正兰亭大黑"、颜色为"白色"。

步骤 02 打开"字符"面板，单击"仿斜体"按钮 ⁱ ，得到倾斜文字效果，然后适当调整文字的大小，如图10-5所示。

步骤 03 选择"横排文字工具" **T**，在标志图像下方输入公司中文名称及拼音，并在工具属性栏中设置中文字体为"方正品尚黑简体"、英文字体为"方正大标宋体"。

步骤 04 新建一个图层，选择"矩形选框工具" 在中文字左侧绘制一个细长选区，填充为黑色，得到细长的线条。

步骤 05 按【Ctrl+J】组合键复制一次黑色线条，使用"移动工具" 向右移动，如图10-6所示。至此，完成标志的设计与制作，按【Ctrl+S】组合键保存文件，并将其导出保存为JPEG格式的图像文件。

步骤 06 为了便于向客户展示标志的立体设计效果，这里打开"标志背景.jpg"素材，使用"移动工具" 将制作好的标志和文字拖曳至画面中间，如图10-7所示，完成展示效果的制作。按【Ctrl+Shift+S】组合键保存文件，并设置名称为"标志设计效果展示"。

图10-5 输入文字

图10-6 绘制线条

图10-7 展示效果

10.2
海报设计——中秋节海报设计

10.2.1 案例背景

中秋节将至，某商场为了营造出浓厚的氛围感，吸引客流量，准备开展中秋节促销活动。现需要制作一张活动海报，采用喜庆的色调，让顾客感受到节日的气氛，再将海报放到商场内多个醒目的位置，给人留下深刻的印象。

设计素养

海报又称招贴画，是贴在街头墙上，挂在橱窗里的大幅画作，以其醒目的画面吸引路人的注意。海报既是一种信息传递的艺术，也是一种大众化的宣传工具。常见的海报都是商业海报，主要表达出宣传的主体，通过画面内容起到宣传的作用，是比较符合现代广告界要求的一种低成本、观赏性好的画报。

10.2.2 案例要求

为更好地完成本例的中秋节海报设计，在制作时需要满足以下要求。

（1）为了体现中秋节的氛围感，先收集具有节日特色的素材，再寻找或设计艺术感文字，突出节日的气氛，让画面整体带有浓浓的中国风氛围感。

（2）在构图上，使用将主要内容放到中间，将部分装饰内容和文字放到其他位置的方式，让画面整体更有主次感。

（3）本例的内容要求从3个部分来制作，第1个部分为制作海报背景，运用红色为主要色调，使其具有强烈的视觉冲击；第2个部分为制作画面中的主要图像，运用十字结突出中国特色；第3个部分主要是添加一些辅助的素材和文字，起到画龙点睛的作用。

（4）要求海报尺寸为30厘米×45厘米、分辨率为200像素/英寸。

本例制作完成后的参考效果如图10-8所示。

素材位置： 素材\第10章\中秋节海报
效果位置： 效果\第10章\中秋节海报.psd

高清视频

图10-8　参考效果

10.2.3 制作思路

本案例的制作主要分为3个部分，其具体制作思路如下。

1. 制作背景

步骤 01 新建一个尺寸为"30厘米×45厘米"、分辨率为"200像素/英寸"、颜色模式为"RGB颜色"、名称为"中秋节海报"的文件。选择"渐变工具" ，在工具属性栏中设置渐变颜色为"#c60013～#900002"。

视频教学：
中秋节海报设计

步骤 02 设置渐变方式为"线性渐变"，在图像上方按住鼠标左键不放并向下拖曳，以填充背景。

步骤 03 打开"圆纹.psd"素材，使用"移动工具" 将素材拖曳至画面中，并在"图层"面板中设置该图层不透明度为"25%"。

步骤 04 打开"月饼.psd"素材，使用"移动工具" 将素材拖曳至画面下方，如图10-9所示。

2. 制作十字结图像

步骤 01 新建一个图层，选择"钢笔工具" ，在工具属性栏中设置绘图模式为"形状"，绘制一个十字图形，并设置填充颜色为"#164d61"。

步骤 02 选择【图层】/【图层样式】/【混合选项】命令，打开"图层样式"对话框，分别为图像添加"内阴影"和"图案叠加"样式，如图10-10所示。

步骤 03 新建一个图层，设置前景色为"#22586e"，使用"画笔工具" 在十字图形下方绘制一个柔光圆，然后设置该图层混合模式为"线性减淡"，按【Alt+Ctrl+G】组合键创建剪贴图层蒙版。

步骤 04 再新建一个图层，使用"画笔工具" 绘制一个白色圆形，统一为其创建剪贴蒙版，如图10-11所示。

步骤 05 打开"边框.psd"素材，使用"移动工具" 将素材拖曳至画面中，如图10-12所示。

图10-9　制作背景　　图10-10　添加图层样式　　图10-11　创建剪贴蒙版　　图10-12　添加边框

3. 制作其他图像

步骤 01 打开"图层样式"对话框，分别为图像添加"斜面和浮雕""描边""投影"和"图案叠加"样式，如图10-13所示。

步骤 02 打开"线条.psd"和"兔子.psd"素材，使用"移动工具" 将素材拖曳至十字图形中，并调整"线条"图像所在图层为十字图形所在图层的下一层。

步骤 03 按住【Ctrl】键单击"兔子"图像所在图层的缩略图，载入该图像选区，新建填充图层，填充选区为"黑色"，然后变换并拉长黑色图像。

步骤 04 设置该图层混合模式为"正片叠底"、不透明度为"40%"，得到投影图像效果，如图10-14所示。

步骤 05 打开"文字.psd"和"祥云.psd"素材，使用"移动工具" 将素材分别拖曳至画面中。

步骤 06 新建一个图层，选择"画笔工具" ，在画面中绘制多个橘黄色圆点图像，并在"图层"面板中设置图层混合模式为"强光"。

步骤 07 使用"矩形选框工具" 在文字左下方绘制一个矩形选区，填充为"#e00800"颜色，使用"直排文字工具" 在矩形中输入文字，并在工具属性栏中设置字体为"宋体"、颜色为"白色"，如图10-15所示。

步骤 08 打开"灯笼.psd"素材，使用"移动工具" 将素材分别拖曳至画面左上方，然后在图像中输入其他文字内容，最终效果如图10-16所示，按【Ctrl+S】组合键保存文件。

图10-13　添加图层样式效果　　图10-14　制作投影　　图10-15　输入文字　　图10-16　最终效果

10.3
包装设计——零食包装设计

10.3.1　案例背景

现代年轻人的生活方式越来越健康，在工作、娱乐的同时，各类健康又好吃的小零食越来越受到年轻人的欢迎。最近，某食品公司新推出一款坚果零食，将多种坚果烘干制作成小袋装，准备投放在各大超市进行销售。该产品的主要客户群为年轻人群，所以希望能够在包装袋的设计上从颜色到版面都能体现出新颖、时尚。

设计素养

　　包装主要有两种作用：一是保护产品；二是美化和宣传产品。商业包装是消费者接触最多的一种包装，也是产品带给消费者的第一印象。包装可以传递产品的信息，能让消费者了解产品，所以，包装必须提供真实的产品信息给消费者，并且让消费者快速产生浏览和查看的欲望，从而达到自我销售的目的。

10.3.2　案例要求

为更好地完成本例的零食包装设计，在制作时，需要满足以下要求。

（1）根据产品内容找到合适的素材，并且在包装画面的主要位置突出显示该图像，让人能够对产品产生联想，起到加深印象的作用。

（2）要求包装整体风格统一，采用鲜艳的色彩，吸引消费者的注意。

（3）本例的包装设计要求从3个部分来制作，第1部分主要是制作包装正面图像，首先定位包装整体色调，与产品本身的色调相呼应，再添加素材图像，并放到画面中心位置；第2部分主要是排版包装背面图像中的文字内容，有主有次地安排文字内容，让消费者能够快速浏览产品内容，了解产品特色；第3部分则是通过包装立体效果图进行展示，更加直观地展示包装设计后期应用的效果。

（4）包装平面图尺寸为36厘米×26厘米，将正反两面都绘制在同一画面中，以便于查看。

本例制作完成后的包装平面图如图10-17所示，立体效果图如图10-18所示。

素材位置： 素材\第10章\零食包装设计

效果位置： 效果\第10章\零食包装设计.psd、零食包装立体效果.psd

图 10-17　包装平面图　　　　　　　图 10-18　立体效果图

高清彩图

10.3.3 制作思路

本案例的制作主要分为3个部分，其具体制作思路如下。

1. 制作包装正面图像

步骤 01　新建一个尺寸为"36厘米×26厘米"、分辨率为"300像素/英寸"、颜色模式为"RGB颜色"、名称为"零食包装设计"的文件。设置前景色为"#fcf6e6"，按【Alt +Delete】组合键填充背景。

步骤 02　打开"背景.psd"素材，使用"移动工具" 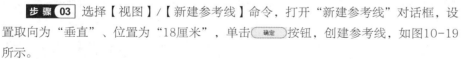 将素材拖曳至画面中。

步骤 03　选择【视图】/【新建参考线】命令，打开"新建参考线"对话框，设置取向为"垂直"、位置为"18厘米"，单击 确定 按钮，创建参考线，如图10-19所示。

视频教学：
零食包装设计

步骤 04　选择"钢笔工具" ，在包装正面图中绘制一个不规则图形，按【Ctrl+Enter】组合键将路径转换为选区，填充为"#ee8a18"颜色。

步骤 05　使用"横排文字工具" 在橘黄色图像中分别输入中英文文字，设置中文字体为"方正毡笔黑简体"、"英文字体为方正华隶简体"、颜色为"白色"，如图10-20所示。

步骤 06　打开"坚果.psd"素材，使用"移动工具" 将素材拖曳至文字右下方。

步骤 07　继续输入其他文字内容，设置字体为"方正仿郭体简体"、颜色为"#ee8a18"，然后选择"椭圆工具"，在右下角文字中绘制一个圆形描边图形，如图10-21所示。

图10-19　新建参考线　　　　　图10-20　输入文字（一）　　　图10-21　输入文字并
　　　　　　　　　　　　　　　　　　　　　　　　　　　　　　　　　绘制图形

2．制作包装背面图像

步骤 01 打开"背景.psd"素材，使用"移动工具" ✛ 将素材拖曳至画面左侧并适当调整图像尺寸。

步骤 02 选择"钢笔工具" ✐ ，在工具属性栏中设置绘图模式为"形状"，设置填充为"无"、描边颜色为"#ee8a18"、描边宽度为"7像素"，在包装背面图像中绘制直线，并多次按【Ctrl+J】组合键复制线条，如图10-22所示。

步骤 03 选择"横排文字工具" T ，在线条中分别输入文字，并在工具属性栏中设置字体为"黑体"、颜色为"#ee8a18"，如图10-23所示。

步骤 04 选择"矩形工具" ☐ ，在工具属性栏中设置绘图模式为"形状"，设置填充为"无"、描边颜色为"#ee8a18"、描边宽度为"7像素"、半径为"20像素"，绘制一个圆角矩形，再使用"钢笔工具" ✐ 在圆角矩形中绘制一条直线。

步骤 05 使用"横排文字工具" T 在圆角矩形中输入文字，设置字体为"黑体"、颜色为"#ee8a18"。

步骤 06 打开"图标.psd"素材，使用"移动工具" ✛ 将素材拖曳至背面图像下方，如图10-24所示，完成包装平面设计后按【Ctrl+S】组合键保存文件。

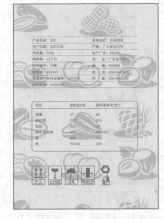

图10-22　绘制线条　　　　　图10-23　输入文字（二）　　　　图10-24　添加图标

3. 制作包装展示图

步骤 01 按【Alt+Ctrl+Shift+E】组合键盖印图层，然后选择"矩形选框工具"▭，框选包装正面图像，按【Ctrl+C】组合键复制图像。

步骤 02 打开"包装效果图.jpg"素材，按【Ctrl+V】组合键粘贴图像，并将其调整至包装袋相同的尺寸。

步骤 03 设置该图层混合模式为"正片叠底"，得到包装立体效果图，如图10-25所示，按【Ctrl+S】组合键保存文件，并设置名称为"零食包装立体效果"。

图10-25 包装立体效果图

10.4
App界面设计——购物App界面设计

10.4.1 案例背景

App界面是指移动应用程序中展现的界面，设计合理的App界面不但能吸引用户浏览，还能提升用户对产品的好感度。某购物网站为了优化购物功能，特意推出手机App，以便用户能够随时随地上网查询和购买商品。在设计App首页界面时，需要先对界面进行布局，合理的布局会让App界面显得更清晰、美观，然后根据布局展开设计与制作。

> **设计素养**
>
> App界面是一种常见的界面类型，主要用于展现App的内容。其界面主要分为3个部分，分别是标题栏、信息展示区和底部导航栏。此外，在App界面的顶部还有状态栏，状态栏是手机系统自带的板块，用于显示手机的运行状态及当前时间等。

10.4.2 案例要求

为了更好地完成本例的购物App界面设计，在制作时，需要满足以下要求。

（1）App界面是一个完整的整体，设计时所有内容必须由内而外地统一、协调。所以色彩、图案、形态、布局等应与App的功能和主题相呼应，使界面中的每一个部分都能明确传达出App的主旨。

（2）在进行App界面设计时，需要考虑App的使用特点，以保证App功能的合理性。因此在设计时应尽量减少按键数量，使用户操作更加方便、流畅，以提升使用效率，保证用户都能获得良好的使用体验。

（3）App界面设计可根据内容的主次，将信息区分为不同的信息层级，当用户单击该层级信息时，将自动跳转到该层级中，方便用户查看。但层级不要过多，因为移动应用程序使用环境更需要用户集中注意力，并在较短的时间内聚集核心信息，如果层级过多，会降低信息传达效率。

（4）要求App界面尺寸为1080像素×1920像素。在设计时可通过图像、形状和颜色的合理搭配来提升整个App界面的美观度。

本例制作完成后的参考效果如图10-26所示。

素材位置： 素材\第10章\购物App首页设计

效果位置： 效果\第10章\购物App首页设计.psd

图10-26　参考效果

高清视频

10.4.3 制作思路

本案例的制作主要分为2个部分，其具体制作思路如下。

1. 划分板块

步骤 01 新建一个尺寸为"1080像素×1920像素"、分辨率为"72像素/英寸"、颜色模式为"RGB颜色"、名称为"购物App首页设计"的文件。

步骤 02 设置前景色为"灰色"，然后按【Alt+Delete】组合键填充背景。

视频教学：
购物 App 首页
设计

步骤 03 新建一个图层，选择"矩形选框工具" ，在画面顶部绘制一个矩形选区，填充为"#fec746"颜色，如图10-27所示。

步骤 04 再新建一个图层，在橘黄色矩形下方再绘制一个矩形选区，填充为"#fff1da"颜色。

步骤 05 选择"矩形工具" ，在工具属性栏中设置绘图模式为"形状"、填充为"白色"、描边颜色为"灰色"，然后在画面底部绘制一个描边矩形，如图10-28所示，得到各板块的划分。

步骤 06 单击"图层"面板底部的"创建新组"按钮 ，然后按板块内容重命名图层组，如图10-29所示。

步骤 07 选择前面绘制的图形，将其分别放到对应的图层组中。

2. 制作各板块内容

步骤 01 首先制作标题栏中的图像。选择"钢笔工具" ⬤，在工具属性栏中设置绘图模式为"形状"、填充为"白色"、描边为"无"，然后在淡黄色矩形下方绘制一个云朵图形，如图10-30所示。

  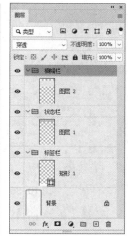 

图10-27 绘制矩形（一）　　　图10-28 划分板块　　　图10-29 创建图层组　　　图10-30 绘制图形

步骤 02 选择【图层】/【创建剪贴蒙版】命令，隐藏超出淡黄色矩形以外的云朵图像，并得到一个剪贴图层。

步骤 03 继续在淡黄色矩形周围绘制其他云朵图形，同样填充为"白色"，分别放到合适的位置，如图10-31所示。

步骤 04 分别为云朵图像创建图层剪贴蒙版，隐藏超出淡黄色矩形以外的云朵图像。

步骤 05 打开"房子.psd"素材，使用"移动工具" ✥ 将素材拖曳至画面右侧，并创建剪贴蒙版。

步骤 06 使用"椭圆选框工具" ◯ 在云朵图像中绘制一个较小的圆形选区，填充为"白色"。

步骤 07 选择"矩形工具" ▢，在工具属性栏中设置绘图模式为"形状"、填充为"#fec746"颜色、描边为"无"、圆角半径为"130像素"，然后在淡黄色矩形中绘制一个圆角矩形，如图10-32所示。

步骤 08 选择"横排文字工具" **T**，在圆角矩形中输入文字，并在工具属性栏中设置字体为"方正准圆简体"、颜色为"白色"。

步骤 09 再输入一行文字，并设置字体为"方正品尚中黑简体"、颜色为"#f3575d"，如图10-33所示。

图10-31 绘制其他云朵图像　　　图10-32 绘制圆角矩形（一）　　　图10-33 输入文字（三）

步骤 10 新建一个图层，选择"椭圆选框工具" ◯，按住【Shift】键在橘黄色矩形顶部绘制圆形选区，填充为白色。

步骤 11 按【Ctrl+J】组合键两次复制白色圆形，并向右移动，如图10-34所示。

步骤 12 继续绘制一个相同大小的圆形选区，选择【编辑】/【描边】命令，打开"描边"对话框，设置描边宽度为"1.5像素"、颜色为"白色"、位置为"居中"，单击 确定 按钮得到白色描边圆形。

步骤 13 按【Ctrl+J】组合键复制白色描边圆形，并向右移动，如图10-35所示。

步骤 14 新建一个图层，再绘制一个较大的圆形选区，打开"描边"对话框，设置描边宽度为"3像素"、颜色为"白色"、位置为"内部"，单击 确定 按钮得到白色描边圆形，如图10-36所示。

 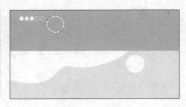

图10-34 复制圆形　　　　　图10-35 复制描边圆形　　　　　图10-36 绘制描边圆形

步骤 15 保持选区状态，选择【选择】/【变换选区】命令，按住【Alt】键缩小选区，再次描边选区。

步骤 16 使用相同的操作方式，缩小选区并描边，得到描边圆形，如图10-37所示。

步骤 17 选择"多边形套索工具" ，在描边圆形中绘制一个多边形选区，然后按【Delete】键删除图像，如图10-38所示。

步骤 18 选择"矩形工具" ，在工具属性栏中设置绘图模式为"形状"、填充为"无"、描边颜色为"白色"、圆角半径为"4像素"，在橘黄色矩形右上方绘制一个圆角矩形，如图10-39所示。

图10-37 缩小选区并描边　　　　图10-38 删除部分图像　　　　图10-39 绘制圆角矩形（二）

步骤 19 新建一个图层，选择"矩形选框工具" ，在圆角矩形内部和右侧分别绘制较小的矩形选区，并填充为"白色"，如图10-40所示，得到电量图标。

步骤 20 选择"横排文字工具" ，在圆角矩形左侧输入剩余电量文字，并在工具属性栏中设置字体为"黑体"、颜色为"白色"，如图10-41所示。

图10-40 绘制矩形（二）　　　　图10-41 输入文字（四）

步骤 21 选择"矩形选框工具"■，在电量图标下方绘制一个矩形选区，然后选择【编辑】/【描边】命令，打开"描边"对话框，设置描边宽度为"2像素"、颜色为"白色"、位置为"居中"，单击 确定 按钮得到白色描边矩形，如图10-42所示。

步骤 22 选择"椭圆工具"●，在工具属性栏中设置绘图模式为"形状"、填充为"无"、描边颜色为"白色"，在描边矩形右侧绘制一个描边圆形；再选择"铅笔工具"✎，在工具属性栏中设置画笔大小为"2像素"，然后在白色描边圆形右侧绘制一条较短的斜线，得到搜索图标，如图10-43所示。

步骤 23 选择"矩形工具"■，在工具属性栏中设置绘图模式为"形状"、填充为渐变色、颜色为"#fcc64d～#fba95f"，再设置描边为"无"、半径为"40像素"，然后绘制一个渐变色圆角矩形，如图10-44所示。

图10-42　绘制描边矩形

图10-43　绘制搜索图标

图10-44　绘制渐变图形

步骤 24 多次按【Ctrl+J】组合键复制圆角矩形，并分别改变渐变颜色为不同的色彩，排列图形，如图10-45所示。

步骤 25 新建一个图层，选择"矩形工具"■，在工具属性栏中设置绘图模式为"路径"、半径为"4像素"，绘制一个圆角矩形，按【Ctrl+Enter】组合键将路径转换为选区，填充为"白色"，并将该圆角矩形放到橘黄色渐变圆角矩形中，如图10-46所示。

步骤 26 在白色图形中分别绘制一个矩形和圆形选区，并按【Delete】键删除图像，得到手机图标，如图10-47所示。

图10-45　绘制并复制图像

图10-46　绘制圆角矩形（三）

图10-47　得到手机图标

步骤 27 使用"横排文字工具"T在手机图标下方输入文字，并在工具属性栏中设置字体为"方正品尚中黑简体"、填充为"黑色"。

步骤 28 利用选区工具或路径工具可以绘制出其他图标，这里直接打开"图标.psd"素材，使用"移动工具"✛将素材拖曳过来，分别放到其他渐变矩形中，并在下方输入对应的文字内容，如图10-48所示。

步骤 29 选择"矩形工具"■，在工具属性栏中设置填充为渐变色、颜色为"#fcc64d～#fba95f"，再设置描边为"无"、半径为"35像素"，然后绘制一个较大的渐变色圆角矩形。

步骤 30 新建一个图层，在圆角矩形中绘制多个大小不一的圆形选区，填充为"白色"，适当降低其透明度，并创建剪贴蒙版，如图10-49所示。

步骤 31 复制一次圆角矩形，将其向右移动，并改变为"#c0e7fb～#a1c4fd"的渐变填充，再添加白色透明圆形并创建剪贴蒙版，如图10-50所示。

图10-48 添加素材并输入文字　　　图10-49 绘制圆角矩形（四）　　　图10-50 复制图像

步骤32　使用"横排文字工具" T 在圆角矩形中分别输入文字。然后选择"矩形工具" □ ，在工具属性栏中设置填充为"白色"、描边为"无"、半径为"35像素"，在画面底部绘制一个圆角矩形，并将其调整至底部导航栏所在图层的后一层。

步骤33　复制一次白色圆角矩形，将其向右移动，使用"横排文字工具" T 输入文字内容，如图10-51所示。

步骤34　选择"钢笔工具" ⌀ ，在工具属性栏中设置填充为"无"、描边颜色为"#fba95f"、描边宽度为"2像素"，在画面底部绘制一个房子图标，并在下方输入相应的文字，如图10-52所示。

步骤35　打开"标签栏.psd"素材，使用"移动工具" ⊕ 将素材拖曳至画面底部，并输入相应的文字内容，最终效果如图10-53所示。按【Ctrl+S】组合键保存文件。

图10-51 在圆角矩形中输入文字　　　图10-52 绘制图标　　　图10-53 最终效果

10.5　网页设计——网页Banner设计

10.5.1　案例背景

　　一个优秀的网页Banner设计，首先在观念上要确立动态的思维方式，其次要有效地将图形引入网页Banner设计之中，增加人们浏览网页的兴趣，在崇尚鲜明个性风格的今天，网页Banner设计也应增加个性化因素。某网站在周年庆来临之际，打算开展促销活动，因此准备提前制作好一款首页Banner，希望消费者打开网页后，了解活动主题的同时也能有美好的视觉体验。

✍ **设计素养**

　　Banner设计在网页设计中占有较为重要的位置，通常人们打开网页后，第一眼看到的就是Banner，它作为网站页面中的横幅广告，需要体现出网站所要表达的中心主旨，形象、鲜明地表达主要的情感思想或宣传中心，它具有视觉效果强、互动性好、受众面广等特点。

10.5.2　案例要求

　　为更好地完成本例的网站Banner设计，在制作时，需要满足以下要求。

　　（1）Banner设计中的文字不能太多，用一两句话来表达即可，设计上尽量简洁大方，以免使消费者产生视觉疲劳。

　　（2）文字尽量使用较粗的字体，否则在视觉上很容易被网页中的其他内容淹没。

　　（3）在选择Banner背景图片时，需尽量避免选择背景过于杂乱和花哨的图片，以免影响主题文字的突出。

　　（4）画面整体色彩统一，不要使用彩虹色、晕边等复杂的特殊图像效果，这样做会大大增加图像所占的颜色数，导致画面凌乱、不美观。

　　（5）背景设计要考虑与前景文字的搭配，不能影响浏览者阅读内容。标题文字要突出，其色彩要与页面主题色拉开层次。

　　（6）本例要求尺寸为2353像素×700像素，并添加应用场景效果图，便于查看实际应用情况。

　　本例制作完成后的参考效果如图10-54所示。

素材位置：素材\第10章\网页Banner设计

效果位置：效果\第10章\网页Banner设计.psd

高清视频

图10-54　参考效果

10.5.3　制作思路

　　本案例的制作主要分为2个部分，其具体制作思路如下。

1. 制作背景

　　步骤 01　新建一个尺寸为"2353像素×700像素"、分辨率为"72像素/英寸"、颜色模式为"RGB颜色"、名称为"网页Banner设计"的文件。

视频教学：
网页 Banner
设计

步骤 02 打开"粉红背景.jpg"素材，使用"移动工具" ✛ 将素材拖曳过来，按【Ctrl+T】组合键调整其尺寸，使其布满整个画面。

步骤 03 打开"树叶.psd"素材，使用"移动工具" ✛ 将素材拖曳至画面右侧，如图10-55所示。

步骤 04 选择【图层】/【图层样式】/【渐变叠加】命令，打开"图层样式"对话框，设置颜色为"#f9abb2～#ffecec"，然后单击 确定 按钮得到渐变树叶效果。

步骤 05 按【Ctrl+J】组合键复制一次树叶图像，并将其移动到图像左下方，再适当旋转图像。

步骤 06 在"图层"面板中选择第一张树叶图像所在的图层，使用"多边形套索工具" ⊠ 在树叶图像中绘制选区，选择【图层】/【图层蒙版】/【显示选区】命令，如图10-56所示，得到遮挡树叶的效果。

图10-55　添加素材　　　　　　　　　　图10-56　树叶效果

2. 添加文字

步骤 01 选择"横排文字工具" T，在画面中输入两行文字，并在工具属性栏中设置字体为"方正粗宋简体"，适当调整文字大小。

步骤 02 选择"感谢有您"文字图层，选择【图层】/【图层样式】/【投影】命令，为文字图层添加黑色投影，然后使用"矩形选框工具" ▣ 绘制矩形，填充为白色，再输入英文文字内容，如图10-57所示。

图10-57　文字效果

步骤 03 选择"矩形工具" ▢，分别在图像上绘制红色渐变色矩形和白色描边矩形，再输入其他文字内容，最终效果如图10-58所示。按【Ctrl+S】组合键保存文件。

图10-58　最终效果

课后练习

练习 *1*　设计"梦想家"App 界面

　　"梦想家"App以家居设计为主，现需要制作首页、发现和个人中心界面，界面的色彩可以以灰色为主色，蓝色和黄色为辅助色，整个画面简洁、自然，参考效果如图10-59所示。

高清彩图

图 10-59　参考效果（一）

素材位置： 素材\第10章\"梦想家"App素材
效果位置： 效果\第10章\"梦想家"App界面

练习 *2*　制作中秋节月饼 Banner

　　某网店准备在中秋节开展月饼促销活动，现需要在网店首页中展示一张月饼Banner。制作时，可通过为月饼图片调色、添加文字、绘制装饰图形等来完成，参考效果如图10-60所示。

高清彩图

图 10-60　参考效果（二）

素材位置： 素材\第10章\月饼素材.psd
效果位置： 效果\第10章\月饼Banner.psd

拓展案例

► 广告设计

促销广告　　　　招聘广告　　　　灯箱广告　　　　H5 广告

► 包装设计

茶叶包装　　　　食品包装　　　　洗衣液包装　　　饮料包装

► 宣传册设计

菜品宣传册　　　企业宣传册　　　茶叶店宣传册　　宠物店宣传册
封面　　　　　　内页

► 招贴设计

健身俱乐部　　　科技峰会招贴　　甜品店招贴　　　饮品招贴
招贴

► 主图设计

电饭煲主图　　　护肤品主图　　　棉衣主图　　　　数据线主图